"十四五"普通高等教育
金融学科规划系列教材

金融伦理与职业道德

（第二版）

褚红素 / 主　编
戴　赟　顾正云 / 副主编

图书在版编目（CIP）数据

金融伦理与职业道德 / 褚红素主编. -- 2版. -- 上海：立信会计出版社，2025.6. -- ISBN 978-7-5429-7760-1

Ⅰ. B83-05；F83

中国国家版本馆CIP数据核字第20257KZ313号

责任编辑　　王斯龙
美术编辑　　吴博闻

金融伦理与职业道德（第二版）
JINRONG LUNLI YU ZHIYE DAODE

出版发行	立信会计出版社			
地　　址	上海市中山西路2230号		邮政编码	200235
电　　话	(021)64411389		传　　真	(021)64411325
网　　址	www.lixinaph.com		电子邮箱	lixinaph2019@126.com
网上书店	http://lixin.jd.com			http://lxkjcbs.tmall.com
经　　销	各地新华书店			
印　　刷	浙江临安曙光印务有限公司			
开　　本	787毫米×1092毫米	1/16		
印　　张	10.75			
字　　数	240千字			
版　　次	2025年6月第2版			
印　　次	2025年6月第1次			
书　　号	ISBN 978-7-5429-7760-1/B			
定　　价	38.00元			

如有印订差错，请与本社联系调换

第二版前言

党的二十届三中全会审议通过的《中共中央关于进一步全面深化改革、推进中国式现代化的决定》对深化金融体制改革作出部署,提出积极发展科技金融、绿色金融、普惠金融、养老金融、数字金融,对应的领域既是金融需求十分迫切的领域,也是金融发展相对薄弱的领域。我们需要以伦理思维和职业道德落实金融体制改革的价值取向,统筹发展与安全,提高金融服务实体经济质效,按照风险可控、商业可持续原则开展业务,合理高效配置金融资源,走好中国特色金融发展之路。因此,我们对本书进行了改版。

本书主要有以下亮点。

1. 及时更新,坚持以新时代政策为导向

本书深刻理解习近平总书记关于金融工作的重要论述的内涵要义和实践要求,依据最新中央金融工作会议精神,以伦理思维和职业道德的视角阐述科技金融、绿色金融、普惠金融、养老金融、数字金融"五篇大文章"。本书坚持发展科技金融以推动产业结构转型升级,发展绿色金融以凸显高质量发展底色,发展普惠金融以夯实共同富裕物质基础,发展养老金融以应对人口老龄化,发展数字金融以提升金融服务实体经济质效。

2. 务本求实,坚持理论与实践相统一

本书结合银行、证券、保险等金融行业前沿发展动态以及金融细分实务领域的业务规范和制度安排,力求体现前瞻性和实操性。全书各章以典型案例导入,有利于开展课堂讨论;每章末安排案例分析,有利于开展阶段测验,巩固所学知识。

3. 思政融合,坚持塑造金融人才的品德素养

本书将思想政治教育贯通专业教育,以价值目标引领为首要任务,以专业课知识内容为主线,以培养财经类高校学生诚信品质、社会责任感、职业道德、风控意识、安全意识为重点,以职业价值观教育内容为切入点,实现思想政治教育在人才培养过程中的有机融合。

本书可作为金融从业人员以及金融专业在校大学生开展伦理道德教育的教材,

有利于提升从业人员在金融领域开展伦理与职业道德实践的针对性、可操作性和实效性，启发在校大学生明晰价值取向、道德准则和行为规范。

在本书编写之前，编者进行了有效的、系统的调研和访谈，走访了商业银行、证券公司、保险公司、基金公司等金融机构，采访了一线从业人员。经过集思广益，编者从应用型财经类高校大学生综合素质、金融业的伦理与职业道德两个角度思考本书的章节安排，本书具体包括伦理与职业道德概述、金融机构的社会责任、科技金融、绿色金融、普惠金融、养老金融、数字金融、德行操守、信息保密、金融安全、金融危机和金融监管等内容。

本书由上海立信会计金融学院褚红素担任主编，负责设计编写思路和内容框架；浙商银行上海分行戴赟、上海立信会计金融学院顾正云担任副主编，戴赟对全书的金融实务内容进行审核把关。具体编写分工如下：第三章、第七章、第十二章由褚红素编写；第一章、第十章、第十一章由顾正云编写；第二章、第六章由戴赟编写；第四章、第五章由吴启鸣编写；第八章、第九章由陈思敏编写。

虽然编者对本书的编写做了大量工作，但由于水平有限，本书难免存在错误之处，恳请读者批评指正。

目 录

第一章 伦理与职业道德概述 ... 1
- 学习目标 ... 1
- 能力目标 ... 1
- 案例导入 ... 1
- 第一节 伦理与职业道德的概念与特征 ... 2
- 第二节 金融伦理与职业道德的内涵和意义 ... 5
- 第三节 金融伦理与职业道德的演变历程 ... 8
- 巩固训练与提高 ... 10

第二章 金融机构的社会责任 ... 11
- 学习目标 ... 11
- 能力目标 ... 11
- 案例导入 ... 11
- 第一节 企业社会责任 ... 12
- 第二节 金融机构社会责任概述 ... 16
- 第三节 银行业金融机构的社会责任 ... 20
- 第四节 证券公司的企业社会责任 ... 22
- 巩固训练与提高 ... 24

第三章 科技金融 ... 25
- 学习目标 ... 25
- 能力目标 ... 25
- 案例导入 ... 25
- 第一节 科技金融概述 ... 26
- 第二节 我国科技金融发展现状 ... 32
- 第三节 新形势下我国科技金融的发展策略 ... 35
- 巩固训练与提高 ... 38

第四章 绿色金融 ······ 39

- 学习目标 ······ 39
- 能力目标 ······ 39
- 案例导入 ······ 39
- 第一节 绿色金融概述 ······ 39
- 第二节 绿色金融产品 ······ 43
- 第三节 中国绿色金融的发展方向 ······ 45
- 巩固训练与提高 ······ 49

第五章 普惠金融 ······ 51

- 学习目标 ······ 51
- 能力目标 ······ 51
- 案例导入 ······ 51
- 第一节 普惠金融概述 ······ 51
- 第二节 普惠金融的发展状况 ······ 55
- 第三节 提升中国普惠金融发展质效 ······ 58
- 巩固训练与提高 ······ 62

第六章 养老金融 ······ 63

- 学习目标 ······ 63
- 能力目标 ······ 63
- 案例导入 ······ 63
- 第一节 养老金融概述 ······ 63
- 第二节 养老金金融 ······ 65
- 第三节 养老服务金融 ······ 67
- 第四节 养老产业金融 ······ 70
- 巩固训练与提高 ······ 73

第七章 数字金融 ······ 75

- 学习目标 ······ 75
- 能力目标 ······ 75
- 案例导入 ······ 75
- 第一节 数字技术 ······ 76
- 第二节 数字金融概述 ······ 80
- 第三节 数字金融业态 ······ 83

巩固训练与提高 ·· 86

第八章　德行操守 ·· 87
　　学习目标 ·· 87
　　能力目标 ·· 87
　　案例导入 ·· 87
　　第一节　银行业从业人员职业操守和行为准则 ·· 87
　　第二节　证券从业人员职业道德 ··· 92
　　第三节　基金行业职业道德规范 ··· 94
　　第四节　保险从业人员行为准则 ·· 102
　　第五节　金融领域科技伦理规范 ·· 103
　　巩固训练与提高 ··· 108

第九章　信息保密 ··· 109
　　学习目标 ··· 109
　　能力目标 ··· 109
　　案例导入 ··· 109
　　第一节　金融信息安全 ·· 109
　　第二节　金融保密工作 ·· 112
　　第三节　个人金融信息保护 ··· 114
　　巩固训练与提高 ··· 117

第十章　金融安全 ··· 118
　　学习目标 ··· 118
　　能力目标 ··· 118
　　案例导入 ··· 118
　　第一节　金融安全概述 ·· 118
　　第二节　金融安全的维度 ··· 123
　　第三节　金融安全维护 ·· 126
　　第四节　大学生金融安全意识 ·· 131
　　巩固训练与提高 ··· 133

第十一章　金融危机 ·· 134
　　学习目标 ··· 134
　　能力目标 ··· 134

案例导入 …………………………………………………………………………… 134
第一节　金融危机概述 …………………………………………………………… 134
第二节　金融市场的稳健 ………………………………………………………… 137
第三节　中国金融市场的过度发展与金融治理 ………………………………… 140
巩固训练与提高 …………………………………………………………………… 146

第十二章　金融监管 ……………………………………………………………… 147
学习目标 …………………………………………………………………………… 147
能力目标 …………………………………………………………………………… 147
案例导入 …………………………………………………………………………… 147
第一节　金融监管概述 …………………………………………………………… 148
第二节　金融监管职能 …………………………………………………………… 152
第三节　中国的金融监管框架 …………………………………………………… 158
巩固训练与提高 …………………………………………………………………… 160

第一章 伦理与职业道德概述

学习目标

（1）认识伦理与职业道德的内涵与特征。
（2）掌握金融伦理与职业道德概念。
（3）掌握金融伦理与职业道德特征。
（4）了解金融伦理与职业道德历史沿革。

能力目标

（1）掌握研究金融伦理与职业道德的方法。
（2）掌握金融伦理与职业道德内在联系逻辑。
（3）能以金融伦理思维分析实际问题。

案例导入

美国共和银行倒闭事件

2024年4月26日，美国联邦存款保险公司宣布，宾夕法尼亚州监管机构关闭了总部位于费城的美国共和银行，并同意将其出售给富尔顿银行。根据美国共和银行最新的财务报告，截至2024年1月31日，这家银行的资产规模为60亿美元，折合人民币约为434亿元；同时，其存款总规模为40亿美元，相当于人民币290亿元。它的突然倒闭，无疑给整个行业敲响了警钟。自2022年3月美联储加息以来，史无前例的高利率使得美国商业地产价值持续下跌，地区性银行面临的挑战不断升级。美国联邦存款保险公司在声明中称，宾夕法尼亚州监管机构指定美国联邦存款保险公司为接管人。为保护存款人，美国联邦存款保险公司与富尔顿银行达成协议，后者将承担美国共和银行的大部分存款，并收购美国共和银行的大部分资产。

讨论：美国共和银行倒闭事件的始末及其启示。

经济与伦理是在企业经营活动中普遍存在又相互矛盾的存在。亚里士多德曾指出，经济不是纯粹的财务工具，伦理的价值因素也应当包含在里面，交易应该建立在诚信与契约的伦理精神之上。纵观金融发展史，不难发现，金融伦理一直在金融市场中发挥着无可比拟的作用。在早期的货币借贷中,人们强调还本付息的交易规则,谴责不遵守公序良俗的行为,重视对金融交往过程中的礼节等,都显示了伦理在金融活动中的重要作用。除了政府干预调节,道德也在市场运行中发挥着巨大作用。

第一节 伦理与职业道德的概念与特征

一、伦理的概念

在中国古文中,"伦理"一词,是由"伦"和"理"这两个独立的单字组成的复合词。要明了"伦理"一词的含义,应当先明了"伦"和"理"两字的意义。"伦"字本义为"辈"。东汉许慎《说文》给了这样的解释:"伦,辈也。""一曰道也。"清朝段玉裁注释曰:"军发车百两为辈。引申之,同类之次曰辈。……郑注《曲礼》《乐记》曰:'伦,犹类也。'注'既夕'曰:'比也。'注《中庸》曰:'犹比也。'"又说:"《小雅》'有伦有脊',传曰:'伦道、脊理也'。《论语》'言中伦'包注:'伦,道也,理也。'按粗言之曰道,精言之曰理。凡注家训伦为理者,皆与训道无二。"可见,"伦"除了其原始的数量词用法,还有两种含义:其一,是指不同辈分、同类事物之间的次第、顺序或秩序关系;其二,可以等同于道和理。关于"理",《说文》给出了下面的解释:"理,治玉也。"段玉裁注曰:"《战国策》郑人谓玉之未理者为璞,是理为剖析也。""凡天下一事一物,必推其情至于无憾而后即安,是之谓天理,是之谓善治,此引申之义也。"可见,理有二义:一是动词之义,即依玉之内在纹理而剖析、整治、打理;二是名词之义,即指事物的内在条理、道理。

从"伦""理"两字的字面意义看,各有其非名词的含义,即"伦"是数量词,"理"是动词。这与我们今天所说的伦理干系不大,可以不予讨论。在名词意义上,"伦"字比"理"字要丰富一些。"伦"字之"同类事物之间的次第、顺序或秩序关系"义为"理"字所无,而其"道""理"之义却基本相同,只不过"伦"字所指之道理更宏观一些,"理"字所指的道理更细密一些。"伦""理"两字连用,始见于《乐记》:"凡音者,生于人心者也;乐者,通伦理者也。"汉初伦理一词开始广泛使用,用来指人际关系及其规范,伦理亦是人际关系的条理。"伦理"的本义是指人伦关系及其内蕴的条理、道理和规则。伦理是与物理与事理相区别的情理。发现、认识人伦关系中所蕴含的道理,从古往今来无数个体的情感中发现普遍认同的情感,"必推其情至于无憾",并把这种普遍认同的、无憾的情感作为"中道"或伦理的规则以裁量、规范个体或过或不及的情感,以指导和规范人们的行为,从而达到人伦关系的和顺及人伦秩序的稳定与和谐,就成为一个专门的学问,这就是本义上的"伦理学"。在西方,"伦理"和"道德"区分不如中国那样细致,故伦理学与道德哲学基本上可以通用。这种广义伦理学把伦理学定义为关于道德的学问。伦理学知识是面向大众生活的,具有理想性、历史传承性、普适性和知行统一性。伦理学的研究者,同时也应该是他所欣赏的伦理生活方式的忠诚的实践者。

美国《韦氏大辞典》对于伦理的定义是:一门探讨什么是好什么是坏,以及讨论道德责任义务的学科。"伦理"一词在中国最早见于《乐纪》:"乐者,通伦理者也。"从行为指导方面来看,伦理一般是指一系列指导行为的观念,是从概念角度上对道德现象的哲学思考。它不仅包含着对人与人、人与社会和人与自然之间关系处理中的行为规范,而且也深刻地蕴涵着依照一定原则来规范行为的深刻道理。

从社会关系角度来看,所谓伦理,是指人类社会中人与人之间以及人与社会、国家的关系和行为的秩序规范。任何持续影响全社会的团体行为或专业行为都有其内在特殊的伦理要求。企业作为独立法人有其特定的生产经营要求,也有企业伦理的要求。

从作用方面来看,伦理是指人们心目中认可的社会行为规范。伦理也对人与人之间的关系进行调整,只是它调整的范围包括整个社会的范畴。管理与伦理有很强的内在联系和相关性。管理活动是人类社会活动的一种形式,当然离不开伦理的规范作用。

从行为要求角度看,伦理是指人与人相处的各种道德准则。生态伦理是伦理道德体系的一个分支,是人们在对一种环境价值观念认同的基础上维护生态环境的道德观念和行为要求。

从道德角度看,伦理是指人与人相处的各种道德标准。伦理学是关于道德的起源、发展,人的行为准则和人与人之间的义务的学说。

二、职业道德的概念

《辞海》指出,职业道德是指从业人员在职业活动中应当遵循的美德,在职业生活中形成和发展,以调节职业活动中的特殊道德关系和利益矛盾,是一般社会道德在职业活动中的体现。社会主义社会职业道德的基本要求是:爱岗敬业、诚实守信、办事公道、服务群众、奉献社会等。各行各业都有其特殊的职业道德要求。

职业道德是公民道德建设的主要内容之一,是所有从业人员在职业活动中应该遵循的行为准则。在社会活动中,由于人们所从事的行业不同,每个行业又各有其特点,各个行业的从业人员所应遵循的职业道德自然有所区别。职业道德学者认为,职业道德就是指人们在具体工作岗位上应当遵守的思想行为规范,它涉及不同行业的工作人员,是一种自我约束机制。职业道德是指从业人员在职业活动中应当遵循的道德规范和必须具备的道德品质。各个行业的道德规范,称行业道德。职业道德随着社会生产活动和社会分工的发展而逐步形成和发展。职业道德是对从事本职工作的从业人员在职业活动中具体行为的要求,体现了职业活动本身所承担的责任义务,也是对社会和公众的责任义务。它受社会道德的制约和影响,是社会道德原则和规范在具体职业中的体现。社会主义职业道德是整个社会主义道德体系的重要组成部分,其根本宗旨是为人民服务,主要规范有:爱岗敬业,诚实守信,办事公道,服务群众,奉献社会。提倡和普及职业道德,有利于各行各业的从业人员端正劳动态度,提高工作效率,成为一个道德高尚的人,由此提高整个社会的道德水平,促进社会各项事业的发展。

三、伦理与职业道德的特征

伦理具有以下特征:

首先,伦理有理想性。伦理是关于善恶的知识,而这种关于善恶的知识只能是相对的。当我们说一个事物、一个行为是善的时候，只是在与其他的事物、其他的行为的比较中得出该结论的。伦理学的本质就是这样，在对现实的不满中和在对现实的批判中追求更善和更好，在与恶和坏的对峙中向往善和好。失去了善和好的追求，失去了伦理和道德的理想，伦理学就沦为世俗的描述和再现，就丧失了其学科特质。

其次，伦理具有历史传承性。伦理学是面向生活的学问，而生活着的群体和个体毫无例外地都是生活于一定的文化传统之下的。当今的世界，存在着具有不同文化传统的民族地区和国家，而各民族和国家毫无例外地都有着各自的伦理观念和伦理规则。离开了伦理文化的历史传统，一个民族的伦理性格也就丧失了。不讲历史传承、不讲伦理历史传统的伦理学，就没有历史的底蕴和历史的厚重感；没有历史的底蕴和历史的厚重感的伦理道德知识，也就没有庄重感。

再次，伦理具有普适性。伦理学作为面向大众生活的一门学问，探究的不是一个人的私理，而是适应公众生活的公理。一种崇高的伦理道德理想境界的提出，只要有切实的可达之道，并为多数人心向往之，就具有了普适性。

最后，伦理具有知行统一性。伦理研究人伦关系的调解及人的道德素质的提升，这注定了它的研究成果及其所提出的原则规范是要在实际社会中付诸实行的。既然它是一种普遍性或普适性的知识，那就是说对在这一伦理文化圈中生活的人包括伦理研究者在内都是适用的。正是伦理知识所具有的这种对己对人的规范性，才能够引导人们去掉轻浮和散漫，把人引向庄重。

职业道德的特征如下：

第一，范围上，职业道德适用于具体从事对应行业和岗位的人员，但对于不属于本行业和岗位的人，或在本行业和岗位的人员职业活动之外的行为活动，职业道德是不能起到调节和约束作用的。例如，律师行业的职业道德规范不仅要求从业人员谨慎认真，不弄虚作假，而且要求律师坚持遵守国家的法律法规、律师行业准则进行法律活动。

第二，内容上，职业道德对从业人员的义务、责任和行为有了超越岗位准则和操作规程的要求。职业道德是由相应行业长期社会实践沉淀、积累的，约定俗成的一种要求，有的甚至在行业准则文件当中也有所体现，在具体内容上与其他行业有共同的，也有本行业易于辨识的标签。由于职业分工具有相对的稳定性，与其相适应的职业道德就具有连续性和稳定性，并形成一定的有关职业方面的道德评价标准。有些职业含有世代相传的职业道德传统。例如，医生行业虽然经历了不断的发展演变，但救死扶伤、防病治病、全心全意为病人服务等一直以来都是医生职业道德规范中的精髓和优良传统，从古至今都受到人们的推崇。

第三，形式上，职业道德具有广泛性、多样性和适用性的特点。恩格斯指出，实际上，每一个阶段，甚至每一个行业，都各有各的道德。职业领域的多样性决定了职业道德的表现形式具体、灵活、多样，它从本职业的实际出发，表现形式有制度、守则、章程、规定、条例、标语、口号等，这些形式有利于从业人员接受和实施，有利于从事本职业的人员形成一种职业道德习惯。在调节主体上，职业道德不仅调节从业人员的内部关系，加强内部人员的凝聚力，而且也调节从业人员与其服务对象间的关系，从而塑造本行业的行业形象。

可见，伦理是理想性、传承性、普适性、知行合一性的人类发展愿景。职业道德是各行各业务必遵守的规则，是具有行业性、广泛性、多样性、适用性的行为准则。两者既有联系，也有区别。

第二节　金融伦理与职业道德的内涵和意义

一、金融伦理的内涵

关于金融伦理的概念，不同学者给出了不同的解释。孙英等(2005)认为，金融伦理是金融领域中的利益相关者行为事实如何的客观规律与应当如何的规范。丁瑞莲等(2005)认为，金融伦理是指在契约人既定的道德前提和社会道德环境下，一切金融契约行为应遵循的伦理规则和道德规范，其结构包括内在道德和外在道德。李刚等(2007)认为，金融伦理是指经济主体在金融活动中所表现的行为是否符合特定的道德规范，以及由其行为所引起的利益分配是否公正。金融伦理不仅是指金融活动中个人和金融机构的伦理问题，而且还包括金融市场的伦理问题。汲昌林(2015)认为，金融伦理是协调金融主体利益关系的价值理念和行为规范，是利益相关者在金融活动中的内在秩序和主体自觉的统一。

本书认为，金融伦理就是在社会金融活动中产生并用来约束和调节人们经济行为及其相互关系的价值观念、伦理精神、伦理规范和相关机制的总和，它既是调节利益关系的一种行为规范，也是社会金融活动的一种实践精神。金融伦理学的本质在于明确了金融领域的善恶价值取向及应不应该的行为规定。金融伦理有广义和狭义之分。广义的金融伦理是指金融活动参与各方在金融交易中应遵循的道德准则和行为规范。金融活动所涉及的所有利益相关者(金融机构、从业人员、社区、政府、参与者等)在金融交易与金融活动中所涉及的伦理关系、伦理意识、伦理准则和伦理活动的总和就是广义的金融伦理，是调节和规范金融活动中利益相关者的行为规范和道德准则。狭义的金融伦理是指金融机构及其从业人员，以及金融市场必须遵循的道德规范与行为方式，是提供各种金融服务的金融机构、金融从业人员和金融市场所应遵循的行为规范与道德准则，或者说是金融服务的供给方所体现出来的善恶行为与准则。

金融伦理关系具有不同于一般社会关系的特征：一是金融伦理关系的多层次性。由于金融活动的复杂性与技术性，在一个金融活动中参与者往往是多方的，不仅有交易双方的关系，还会涉及金融机构，出现"债权人—金融机构—债务人"的三方关系，或者是"委托人—金融机构或中介组织—受托人"的关系。金融活动主体间的关系呈现了不同的层次，相应的伦理关系也因此而复杂。二是金融伦理关系具有明显的双重性。所谓双重性体现在两个层面上，一方面，金融伦理关系要同时符合金融规则与伦理规则的双重要求；另一方面，金融伦理关系需要伦理与法律的双重规范。所以，金融活动既有专业特色，又有伦理的特色。作为一种信用活动，金融活动应该是一种诚信的资金融通活动，活动中的各利益相关者都有其必须遵循的道德规范与行为方式，伦理规范便是其应遵守的行为准则。如果利益相关者恶意践踏金融伦理的道德底线，进行违法乱纪的金融交易活动，则应该诉诸法律,以法律的强制性规范来约束其非道德的践踏伦理的行为。三是金融伦理关系具有明显的要式特征。这种要式关系体现在金融活动主体按照特定的金融交易规则,以及相关金融法规与程序,通过协商达成相应的要约或协议(合同),并签订书面协议(合同),才具有法律效力。四是金融伦理关系的动态性。由于金融伦理关系出现于各种金融活动中,金融活动随着新的金融工具的开发和金融技术的发展呈现出动态性特征,各金融活动主体间的关系因之也处于变动发展中,金融伦理关系显露出明显的动态性特征。

二、金融职业道德的内涵

道德和职业道德都是在一定的生产力和经济关系中产生的,是为调整人与人、人与社会和人与自然之间的关系,保持人类社会有序和发展服务的。金融职业道德属于道德,道德是人类社会生活中特有的现象,它最终是由社会经济生活条件决定的,以善恶为标准,依靠社会舆论、传统习惯和人们的内心信念来维系,是调整人与人、人与自然关系的原则规范、心理意识和行为活动的总和。金融职业道德又是由职业关系决定的。职业道德是指从事一定职业的人们在劳动和工作中应遵循的行为规范,是对各种从业人员规定的、起自我约束作用的行为准则,金融职业道德是金融从业人员应当遵循的思想和行为的规范和准则。金融职业道德是金融从业人员在金融活动中应该遵循的行为准则。金融职业道德是金融从业人员应当遵循的思想和行为的规范和准则。金融职业道德不仅具有道德基本的特性,同时具有行业的独特性。

金融职业道德的基本内涵:第一,客户利益大于天,人民的利益大于天,牢固树立为人民服务的核心理念。"客户"是在市场经济条件下作为金融行业服务对象而言的,在我们社会主义的中国,广大的客户其实就是人民大众。客户利益大于天,也就是人民的利益大于天,要牢固树立为人民服务的核心理念,这是金融业广大员工第一重要的道德规范,是立党为公,执政为民,全心全意为人民服务的具体体现。第二,坚持"诚信为本"的金融行业的生命线不动摇。人无信不立,国无信不强。的确,诚信是每一个人安身立命的前提,也是每一个行业繁荣昌盛的基准。金融的诚信建立在金钱和财富之上,然而却比那些有形的财富显得更加珍贵。把诚信作为根基,金融的生命之厦才会更加稳定,社会的经济体系才会更加稳定。第三,坚持礼仪修养,提高服务质量。礼仪,作为一种行为准则和规范,是人类社会为维系社会的正常生活而共同遵守的最起码的道德行为规范,是道德的重要内容之一。一个有道德的人,往往是一个知礼、守礼、行礼的人,他必定时时处处保持一定的礼仪风范。金融礼仪修养是指金融行业员工为了实现组织目标,按照一定的礼仪规范要求,结合金融行业特性,在礼仪品德、意识等方面所进行的自我锻炼和自我改造,也是个人仪表、仪容、言谈、举止、待人、接物等方面的具体规定。金融礼仪修养是个人道德品质、文化素养、教养良知等精神内涵的外在表现,其核心是尊重他人、与人为善、表里如一、内外一致。

金融职业道德的基本特征:第一,金融职业道德的理想性。理想性是指指导、约束人们行为的规范,既有来自现实的一面,又有高于现实的一面。道德提倡的行为不全是人们已做到的,而是人们应该有的行为;不仅是人们能够做到的,而且是人们经过努力才能够做到的。正因为这样,金融职业道德就应成为引导职工的精神力量,成为金融职工的精神追求。第二,金融职业道德的自觉性。道德归根到底是诉诸内心信念、自觉自愿而不是强迫的。法律调节社会关系凭借的是国家政权、司法机关等外在的强制力量,道德凭借社会舆论、内心信念,诉诸个人良心,靠自觉选择行为。可见,金融职业道德就是要求职工将外在的金融工作规则规范,通过教育学习和实践,不断地内化为自身自觉自愿的思想和行为。第三,金融职业道德的广泛性。法律总是在立法范围内调节各种社会关系,相对于社会生活总是有限的。道德不仅干预法以内的事,而且干预一切人与人、人与自然发生关系的行为。道德还渗透于社会生活的各个领域,现实社会中政治、经济、文化各种行为都涉及"合理与不合理""应当与不应当"的问题。基于道德广泛性的特点而生的金融职业道德同样具有广泛性,金融职业道德涉及金融工作的方方面面。第四,金融职业道德的稳定性。稳定性是从道德作用时间的长短来说的。道德能深入人心,成为信念、情感,成为民族传统习惯和社会心理的组成部分。金融职业道德就是应该成为金融行业的长久稳定的思想和行为的规范准则。只有恒久稳定的职业道德才能有利于社会主义道德建设和金融行业的建设发展。

三、金融伦理与职业道德的现实意义

尽管在"道德"与"伦理"的关系上,学界存在着多种不同的观点,但是从目前发展的趋势来看,主流观点认为,"道德"与"伦理"是两个既相互区别又相互联系的哲学范畴或伦理学的概念。

中国历史上对道德和伦理进行过较为深入的研究。比如,有人认为,在中国古代思想史上,"道德"与"伦理"是两个既相互联系又有所区别的范畴。"道"的本义是指人行走的道路,它的引申义是法则和规律。"德"是"德道","德道"即得道,也即道德。关于伦理,在历史上曾是两个独立的范畴。"伦"具有类别、关系等含义,"理"则有条理、秩序、理则等方面的含义。在社会生活范围之内,"伦"表示人与人之间的关系,"理"则是指维系人与人之间各种关系的外在的规范与秩序。在道德和伦理的关系中,道德是指人的内在德行,而伦理是指约束人的行为的外在的准则。"道德"和"伦理"是中国伦理思想史上两个既相互关联又有所区别的重要范畴。中国文化中的道德和伦理的逻辑基础和理论根据,都是"道"。"道德"作为得道之"德",是以"道"为基础和根据的;而"伦理"作为社会的典章制度和人的行为规范,是以"道德"为基础和根据的。由此可见,在中国文化中,道德是伦理的基础和根据,道德高于伦理。同时,伦理对道德的形成具有一定的反作用。

西方哲学特别是黑格尔的法哲学理论体系,都把道德和伦理作为两个既相互区别又相互联系的哲学范畴或伦理学概念加以研究和阐述。黑格尔的《法哲学原理》的理论体系,由"抽象的法"到"道德"再到"伦理",既是一个逻辑的递进关系,也是一个由肯定到否定再到否定之否定的概念的辩证运动和发展过程。所谓概念的辩证运动和发展过程,在黑格尔的哲学体系中是一个逐级"扬弃"的过程。每一次的否定,既保留了被否定对象中的合理内容,又抛弃了其中的不合理成分。

金融伦理是在现代金融理论与应用伦理日益结合的基础上产生的新的学科领域。金融理论与企业伦理的研究发展,分别触及了金融伦理的研究。在这两股理论研究力量的

推动下,金融伦理的研究逐渐成为一个新的研究领域。特别是在目前现代金融业高速发展,并不断出现动荡与危机的情况下,人们对金融伦理的研究更为关切,并取得了令人欣喜的初步成果。金融伦理研究的兴起,是理论与实践共同推动的结果。在理论上,研究者们日益认识到金融机构、金融市场与金融从业人员不仅是"经济人",更应该是"道德人"。他们在金融活动与金融交易中,都有各自应遵守的道德准则和行为规范。因此,金融活动并非纯粹的技术活动,必然会涉及价值判断。在现实的金融生活中,少数金融机构、金融从业人员或其利益相关者采取了败德行为,引发了不少的"基金黑幕"、洗钱、银行倒闭等事件,严重地损害了金融机构自身的形象和核心竞争力。由于理论的发展,特别是现实生活中因道德与伦理问题出现的金融丑闻,金融伦理逐渐成为社会共同关注和学术理论界研究的重要课题。

职业道德是同职业活动紧密相连的,是一定社会对从事一定职业的人们的一种道德要求,是从业人员长期从事特定职业必须遵循的道德规范和行为准则。社会上有多少种不同的职业,就会有多少种不同的职业道德,职业道德是社会道德体系中的重要组成部分。职业道德不仅对人们的道德意识产生着重大而深远的影响,而且对社会职业道德行为、社会的道德风尚和道德传统有着重要的引领作用。金融职业道德以互利为基础反映社会对金融业活动的特定要求,一方面,它的服务受益者也就是客户通过使用金融服务而获得优惠和好处,或者额外的货币收益;另一方面,金融机构通过金融从业者将货币提供给有需求的客户,从而获得差额利润。可见,互利是金融从业人员必须遵循的原则。因为金融业主要的功能就是服务百姓,便于货币融通,而货币作为一般等价物是一种特殊的商品,金融从业人员如果缺少了职业道德,则无法将货币业务正常开展下去,等于切断了其行业命脉。

第三节 金融伦理与职业道德的演变历程

一、中国金融伦理与职业道德的发展沿革

在中国古代的经济思想中,关于"义利之辨"的争论从未停止过。义利观是儒家的核心思想,孔子的义利观主要体现在"见利思义"和"义以生利"这两个观点上。墨子认为,"义,利也"。程子说:"天下之事,唯义利而已。"朱熹说:"义利之说乃儒者第一义。"战国后期的荀子基于"人性恶"的人性论,提出了"义利两有"的价值观。宋代王安石批判了那些只讲仁义而不讲功利的所谓"君子",认为"人窘于衣食,而欲其化而入于善,岂可得哉"。南宋时期,永康学派的陈亮和永嘉学派的叶适提出了以"事功"为核心的功利主义思想,主张道德和功利、理和欲的统一。这些观点尽管不是专门关于金融伦理的,但无疑对探讨当代我国金融伦理的规制具有重要启示。当代国内关于现代金融伦理的研究可以追溯到中华人民共和国成立初期围绕社会主义经济中的货币存废、货币阶级性、人民币职能、利息合法性等问题所展开的讨论。这种讨论直接表现为一个有关金融的社会主义性质的意识形态问题,即金融为谁服务的伦理价值问题和金融制度的正当性问题。改革开放以来,

"发展是硬道理"成为主旋律。然而1997年亚洲金融危机和2008年全球性金融危机的爆发,使国内学者也深刻认识到金融领域伦理缺失对金融乃至整个社会的巨大破坏力,并开始从更加宽阔的视野审视金融伦理的地位和意义。对于金融伦理的作用,有学者借用《太极图》中的"实极"和"虚极"概念,认为只有遵循"货币虚极"对"财富实极"的道德"效忠"机制才能维持正常的经济伦理秩序。有学者认识到金融伦理对实现社会和谐的意义:以公平正义为原则的金融制度安排,通过平等管理和化解风险,使人们的日常财富、住房、医疗、就业等生计问题更有保障,以减少社会不和谐因素。金融危机的发生让学者们开始从伦理视角对金融道德风险进行了深度反思,不仅认识到金融产品过度创新、政府监管缺失、过度消费等问题引发金融道德风险,也从经济伦理立场出发,分别从不同视角揭示了引发金融道德风险的根本原因。

二、西方金融伦理与职业道德的发展沿革

在西方的早期金融活动中,就已经形成了一些零散的伦理道德观念。例如,亚里士多德在《尼各马可伦理学》中对高利贷给予了道德批判;《古兰经》也从宗教伦理角度禁止高利贷;亚当·斯密在《国富论》中关注了资本的生产性问题,认为进行利率的合法限制是必要的。更多的学者的理论是建立在功利主义的价值观基础上,以边沁、约翰·穆勒、威廉姆·斯坦利·杰文斯、马歇尔、弗里德曼等人为代表。21世纪以来,更多有价值的理论开始形成。博特·赖特认为,交易公平是促进金融市场有效性的手段,只有当市场被认为是公平的时候,人们才会积极进入资本市场。瑞菲克·库尔派恩和约翰·塞尔认为,信息传播透明度是利益相关者进行利益道德防卫的关键,企业必须形成和强化相应的伦理规则。

三、知识时代金融伦理与职业道德的发展沿革

20世纪80年代以来,在华尔街发生的一系列金融丑闻引起了人们对金融企业伦理的高度重视与关注。一本声称"填补金融伦理学方面的空白"的名为《华尔街伦理大全》的书在1987年问世,开启了企业伦理界研究金融伦理的先河。

美国芝加哥洛约拉大学博特·赖特教授所著的《金融伦理学》在2002年出版,该书对金融伦理的研究起到了推动作用,使金融伦理的研究在广度与深度上取得了重要进展。

对金融企业而言,Brickley 和 Zimmerman 认为,基于伦理行为的公司声誉是公司品牌资本的构成部分,它反映了公司证券的内在价值,有效市场将潜在地为公司伦理行为提供激励。为了减少由于金融伦理缺失产生的风险危害,Chami 等人提出管理伦理风险的重要性。

伦敦野村国际银行主席安德里斯·R.普林多和牛津坦普尔顿学院的研究员比莫·普罗德安是较早研究金融领域伦理冲突的两位专家,他们在2002年编辑出版的专著《金融领域中的伦理冲突》比较全面地分析了金融领域中存在的利益冲突和伦理冲突。

有学者指出,现实金融生活中金融活动主体存在的三种伦理道德境界:利己与利人并重、利己不损人、损人利己,并提出市场经济条件下金融活动更需要讲伦理道德,如果伦理道德缺位,将导致严重的伦理冲突与金融灾难。金融行业存在着因诚信缺失与社会责

任缺失两种伦理缺失导致的金融丑闻。体制转轨;政府职能错位、缺位、行为不规范;管理制度和法律不健全,对金融伦理缺失行为的处罚力度弱,失信成本低;传统文化道德的削弱和丧失、新的文化道德体系还未建立等四个因素是导致金融伦理缺失的主要原因。

特别是中国加入世界贸易组织后,中国的对外开放度日益提高,金融领域的开放度急剧提升,中国金融企业面临竞争压力与挑战与日俱增,通过加强对金融伦理的研究,来提升中国金融企业、金融市场的核心竞争力,不仅是理论研究的需要,更是现实金融生活的迫切要求。

巩固训练与提高

案例分析题

枪声来了　巨贪死刑

2025年2月24日,天津市高级人民法院对中国华融国际控股有限公司原总经理白某某受贿上诉案作出二审宣判,判决裁定驳回上诉,维持一审死刑判决,并依法报请最高人民法院核准。

白某某,1968年10月出生,江西吉安人,大学学历。1990年7月,他参加工作;1995年5月加入中国共产党,成为一名党员领导干部。在其任职期间,曾担任中国华融国际控股有限公司资本运营总监、总经理助理,后升任党委副书记、董事会董事、总经理。从公开资料来看,白某某的早年经历并无太多异样,他像许多普通人一样,通过学习和努力,逐渐在职场上崭露头角。然而,随着时间的推移,权力的诱惑和个人的贪欲逐渐侵蚀了他的内心。特别是当他踏上金融领域的高位后,这份贪欲更是如野草般疯长,最终将他拖入了无尽的深渊。2019年白某某被逮捕,直至2024年5月一审判决,其因受贿罪被判处死刑立即执行。白某某不服一审判决提起上诉,经过近一年的审理,二审结果维持原判。这起案件历经近6年才审判终结,主要因为其属于复杂的金融贪腐案,涉案金额巨大。在2014年至2018年短短4年间,白某某利用职务便利,为相关单位在项目收购、企业融资等事项上提供帮助,非法收受财物共计折合人民币11.08亿余元,平均每年受贿达2.77亿元。

根据金融伦理和职业道德理论,在权力和金钱的诱惑面前,我们应该如何坚守金融职场伦理和职业道德底线?

第二章 金融机构的社会责任

学习目标

(1) 了解企业社会责任的内涵和特点。
(2) 掌握金融机构社会责任的具体内容。

能力目标

(1) 探讨企业承担社会责任的意义和方法。
(2) 分析我国银行业金融机构应履行的主要企业社会责任。
(2) 分析我国证券公司积极履行社会责任的具体措施。

案例导入

筑牢金融反诈防火墙

面对当前电信诈骗多发的严峻形势,中国农业银行文安县支行严格落实监管机构关于打击治理电信网络诈骗的工作部署,通过构建反诈体系,科技赋能、警银联动相结合,深层次筑牢金融反诈防火墙,切实保护金融消费者权益。2024年8月,一名女子走进该支行办理无卡现金存款业务。当柜员核实该客户存款用途及是否认识交易对手时,该客户言辞含糊不清,企图蒙混过关。柜员查询客户交易流水并结合客户表现,察觉到此笔业务存在异常,并第一时间与反诈中心联系。反诈中心当即要求稳住客户并开展对犯罪嫌疑人的抓捕。柜员及大堂经理以系统故障为由拖延时间,迅速将收款人账户冻结。反诈中心警员抵达现场并抓捕了犯罪嫌疑人,成功堵截涉案资金5万余元。近年来,该支行积极履行维护金融秩序的社会责任,坚决遏制电信网络诈骗高发多发势头,警银联动共同构筑反诈"防护网",保护人民群众财产安全。

讨论:该支行如何筑牢金融反诈防火墙?银行业应如何有效履行企业社会责任?

第一节　企业社会责任

在当今经济全球化的时代,社会经济日新月异,人们物质文化生活不断丰富,社会公民主体意识不断增强。同时,资源短缺、能源紧张、环境污染、生态失衡等问题也日益凸显。面对一系列社会与自然公害,企业与政府、社区、消费者等矛盾连连,"企业应该履行社会责任"这一话题受到越来越多的关注。企业一方面要适应环境的变化,在经济有利可图的范围内,向社会提供更高质量的产品和劳务;另一方面必须在道义上理智自我约束,为重建和发展充满精神文明和道德观的人类社会贡献力量。唯有沿着以上两者相结合的经营管理路线前进,企业才能继续维持自身的生存和发展。

一、企业社会责任的定义和观点

(一) 定义

社会责任思想的产生可以追溯到两千多年前,古希腊哲学家苏格拉底把"责任"看作是"善良公民"为国家和人民服务所应具备的本领和才能。他提出"美德即知识",认为知识包含着一切的善,只有天生有知识的人才具有美德,才能担当治理国家的责任。在中世纪,教会认为商人的逐利行为是违反基督教精神的,对其合理性提出强烈的质疑,并强调经济活动只是为了服务公众利益而存在,商人要顾及其他社会成员和社区福利。

1923年,英国学者欧丽文·谢尔顿在美国进行企业管理考察时提出了"企业社会责任"的概念,并在其著作《管理的哲学》中,将"企业社会责任与公司经营者满足产业内外各种人类需要的责任联系起来"。自此,作为一种全新视角的企业管理模式,企业社会责任在长期的论战中走到今天,并受到绝大多数人的认可,人们对企业社会责任的认识,由模糊到逐步清晰。企业社会责任成为解决企业经济目的与社会公共利益矛盾、实现企业自身和社会可持续发展的重要途径。

企业社会责任是指企业在创造利润、对股东承担法律责任的同时,还要承担对员工、消费者、社区和环境的责任。企业的社会责任要求企业必须超越把利润作为唯一目标的传统理念,强调在生产过程中对人的价值的关注,强调对消费者、对环境、对社会的贡献。

(二) 有关社会责任的两种观点

1. 古典观点

古典观点指出企业管理当局唯一的社会责任就是利润最大化,代表人物是诺贝尔经济学奖得奖者、经济学家米尔顿·费里德曼。1970年9月13日,米尔顿·费里德曼在《纽约时报》刊登题为《商业的社会责任是增加利润》的文章,指出"企业的一项,也是唯一的社会责任是在比赛规则范围内增加利润"。他认为管理者的主要责任就是从股东(公司真正的所有者)的最佳利益出发来从事经营活动。同时他认为股东只关心一件事,那就是财务方面的回报,当管理者自作主张将企业资源用于社会利益时,都是在增加经营成本,这些成本只能要么通过高价转嫁给消费者,要么降低股息回报由股东来承担。必须指出,米尔顿·费里德曼并不是说企业不应当承担社会责任,他支持企业承担社会责任,但这种责任仅限于为股东实现企业利润的最大化。

2. 社会经济学观点

社会经济学观点认为利润最大化是企业的第二目标,企业的第一目标是保证自己的生存。为了实现这一点,它们必须承担社会义务以及由此产生的社会成本。这是由于社会对企业的期望已经发生了变化。企业并非只是对股东负责的独立实体,它们还要对社会负责。社会通过各种法律法规认可企业的建立,并通过购买产品和服务对其提供支持。此外,社会经济学观点的支持者认为,企业组织不仅仅是经济机构,社会接受甚至鼓励企业参与社会的、政治的和法律的事务。例如,三星(中国)投资有限公司自成立至今,一直进行着教育支援、残疾人支援等公益活动。三星(中国)投资有限公司一直在探索投资与社会责任并重的产业投资模式,摸索共享企业社会责任资源和力量的路径,争取全方位扩大社会公益事业,并用开放的心态积极地与社会沟通。

企业在制定决策时,应遵守法律法规,关注道德价值,服务社区并保护环境。企业要承担对不同利益主体的社会责任,包括生产安全、职业健康、保护环境、支持弱势群体等方面,从而在社会中扮演积极的角色。

二、企业社会责任的特点、内容、范围

企业社会责任受到企业自身条件及其外部环境的影响。不同的文化背景、政治环境、经济体制、科技发展水平及国民主体认识水平,造成企业的社会责任不尽一致。在此仅以上述企业社会责任范围为基本依据,就当代企业所要承担的主要社会责任进行阐述。

(一) 企业社会责任的特点

企业的社会责任不同于法学上的责任,属于社会学范畴。它具有以下特点。

1. 时间上的延续性

企业社会责任的提出虽然是 20 世纪 60 年代之后的事,但就客观的产生而言,可以追溯到企业的产生之时。换言之,随着企业的产生,企业社会责任也就相伴而生了。工业革命早期的企业在向社会提供商品和劳务时,把废气排入空中、污水注入河流、废渣堆放地面。那时由于生产能力有限,尚不足以危及人们的正常生活。随着污染的日积月累,以及社会化大生产,各种现实的危机呈现出来。对于现实生活中诸如环境污染、生态失衡、失业率上升等问题,虽然不能全部归咎于企业,但是企业却不能不着手解决。因此,从某种意义来说,今天的企业要代人受过。值得注意的是,我们在代人受过的同时,又在继续制造新的危害,将更加严重的问题推向社会,遗留给下一代。

综上所述,现在的企业在生产经营中不能单纯从眼前利益考虑,必须结合长远全局利益,采取切实有效的措施,承担起社会责任,造福于后人。

2. 空间上的相关性

企业的社会责任问题并不是孤立的问题,企业对社会的影响具有相关性。1988 年上海发生的甲肝流行病及 1953 年日本水俣湾渔民出现的水俣病(慢性汞中毒),就是人们食用了被污染的水产品造成的。20 世纪 80 年代,莱茵河流域的酸雨、印度博帕尔美国联合碳化物公司的毒气泄漏、苏联切尔诺贝利核电站爆炸事故,相继酿成人间惨案。20 世纪

90年代,海湾战争石油污染事件给伊拉克以及周边国家带来近100年难以治愈的后遗症,给全球带来多种生态灾难。这些都说明:企业排放的废渣、废水、废气,不仅会影响附近企业的工业活动、居民生活,还会影响周围相当大的区域;不仅影响工业,还直接影响农林牧渔业甚至整个生态环境;除了社会经济生活,还直接影响社会政治生活。社会责任的相关性导致了解决各种由此而产生的问题的方法也具有相关性。

3. 主观反映的能动性

企业的社会责任在工业革命时就已经存在了,但那时人们所认识的企业仅是加工经营产品并通过加工和经营为企业主获取利润的机器。随着生产经营的扩大、生产手段的现代化、竞争者的激增,人们开始认识到企业必须满足社会需要,从而提出企业的责任,除盈利以外必须向社会提供优质的产品和服务。进入20世纪,随着民权运动的兴起,保证职工生活的稳定、就业机会均等及企业应为社区作出更多贡献便被提到议程上来。20世纪40年代以后,世界各国经济迅速发展、现代科技的广泛运用、对物质和能量的需要空前增长、人类与自然界的关系日益复杂化,人们开始认识到企业更广泛的社会责任——对外溢因素的自我约束。20世纪80年代以来,随着环境对人类的报复及地区冲突的增加,企业社会责任已突破了对自身外溢因素的范围,发展到全方位的、涉社会经济生活的各个方面的有关责任。因此,企业的社会责任具有明显的时代特征,不同时代的责任内容不同,取决于人们的认识水平。

(二)企业社会责任的内容

1. 企业对政府的社会责任

企业对政府的社会责任反映在企业与政府管理及遵守国家法律等方面。企业的生产经营活动不仅要在经济上,而且还要在政治、法律、文化等方面与国家和社会保持一致。企业对政府承担的社会责任表现在:认真贯彻党和国家的有关方针政策;严格遵守国家有关法律法规及各种管理条例;完成国家下达的指令性计划和指导性计划;合法经营、照章纳税,承担政府规定的其他责任和义务,并接受政府的监督和依法干预。

2. 企业对员工的社会责任

员工是企业的主体,为企业进而为社会生产提供产品和劳务。企业对员工的责任属于内部利益相关者问题。企业对员工所承担的社会责任除为其提供工资及各种福利等物质生活保障,还必须为其提供良好的工作环境、职业保证以及文化技术的培训。社会主义企业还必须尊重员工的民主权利,为其参与企业经营管理提供条件。总而言之,社会主义企业不仅要重视员工对生产经营的作用,还必须重视员工在政治、文化、科技等各方面的素质的培养与提高。在招聘及录用员工时,企业有责任为应聘人员提供平等的就业机会。但是企业招聘中关于性别、民族、地域、肤色、年龄、文化水平、技术才能及社会背景等歧视性问题仍然存在。

3. 企业对股东的社会责任

现代社会,股东队伍逐渐庞大,遍及社会生活的各个领域,企业对股东的责任也具有了社会性。首先,企业应严格遵守有关法律规定,对股东的资金安全和收益负责,力争给股东以合理的投资回报。其次,企业有责任向股东提供真实、可靠的经营和投资方面的信息,不得欺骗投资者。

4. 企业对消费者的社会责任

企业与消费者是一对矛盾统一体。企业利润的最大化最终要借助于消费者的购买行为来实现,所以企业成败的关键在于有无消费者及消费者的多寡。赢得消费者的信赖是吸引消费者的最好的方法,企业应随时关注消费者需求的变化情况。企业对消费者所承担的社会责任表现在:致力于经营的合理化,使产品和服务均能价格合理并维持稳定;承诺所提供的产品和服务的质量;开展讲信誉的销售及积极的售后服务工作;生产和销售环节自觉接受政府和公众的监督。

5. 企业对社区的社会责任

企业是社会的组成部分,更是所在社区的组成部分。社区是指以某种组织形式或物质、文化、宗教等为媒介在一定地域上形成的小社会。一般来说,一切社会经济活动都是在一定具体的社区里进行的。社区是"社会圈"中的"社会链",它在社会、政治、经济、生活中起着重要作用。企业总是生存于特定的社区中,在一定社区内从事生产经营活动,凭借社区实现其经济目标。企业对社区所承担的社会责任表现在:依法减少"三废"、噪声、粉尘等环境污染;主动维护并美化社区环境;促进社区文化教育的发展;响应社区政府号召为其他公益事业作出力所能及的贡献。

6. 企业对社会的责任

企业是社会财富的直接创造者,并通过向社会不断提供更丰富、更高质量的产品推动社会的发展。企业对推动社会进步负有不可推卸的责任,具体表现在:努力开发新技术;节约能源和资源、保护生态环境;提供就业机会和合理的工作条件;推动社会公益活动的发展。

(三)企业社会责任的范围

企业社会责任的范围可以从三个层次来理解:一是从狭义方面理解,即企业的基本责任,是指在商品生产、促进经济增长、提供劳务和就业机会等方面有效地完成企业固有的职能。二是从广义方面理解,即企业一般意义上的社会责任,是指在企业活动进行过程中对国民在物质方面的合理要求的内容、价值观以及社会问题给予经常关注,并且在平等交易、提高员工福利方面作出努力,包括如环境保护、员工聘用及企业与职工之间的关系,以及对来自消费者的有关信息、公平待遇、安全保护等方面的要求。三是从更广义方面理解,即社会向企业所提出的尚未定型的社会责任,是指积极运用企业所具有的能力参与和改进社会环境以提高社会的福利。

第一、第二层次上的社会责任是明确的;第三层次上的社会责任尚不十分明确,有待于社会的发展及人们认识的提高。但通过上述分析,我们至少可以看到,企业基本经济职能的发挥,离不开社会责任的履行。企业只有正确处理自身与国民、社会间的关系,乃至正确处理与人类根本利益相关问题,才能实现其经济目标及稳定持续的发展。

三、影响企业承担社会责任的因素

企业对社会责任的态度是受到各种因素影响和干扰的,有些因素是促进性的,它增强了企业对社会责任承担的意愿;而有些因素具有一定的消极性,它会削弱企业在这方面的意向。

(一) 促使企业积极承担社会责任的主要因素

除个人的信仰、伦理观以及价值观外,能促使企业积极承担社会责任的因素主要有以下内容:

(1) 公众形象。承担社会责任的良好行为有助于企业在公众中形成良好的口碑,公众心目中的良好形象对企业的好处是多方面的,如可使销售额上升,雇用到更多、更好的员工,更容易筹集到资金等。

(2) 长期利润。良好的社区关系和负责行为能为企业赢来更稳固的长期利润。

(3) 组织系统。社会责任的履行能为企业增添吸引力,从而留住优秀雇员,形成良好的企业氛围。

(4) 规范行为。社会责任中的道德规则能有效地约束企业的日常行为,从而尽可能地避免使用非法的和不道德的手段。

(二) 阻碍企业承担社会责任的主要因素

(1) 股东权益。社会公益性举措会削减股东的既得利润,若按照"信托人"观点,这体现了管理当局对股东的不负责任。

(2) 行为衡量。企业的社会行为效果通常难以用确切的指标进行度量。

(3) 成本问题。许多社会责任活动是不能自负盈亏的,这就导致企业最终会以提价的方式将成本转嫁给消费者。

(4) 权力过大。企业本身就已具有在经济领域内的充足权力,若再涉足社会领域,处理社会问题、追逐社会目标,那么企业因拥有的权力而产生过度膨胀现象。

第二节 金融机构社会责任概述

金融机构控制宏观经济命脉和社会资金融通活动,其承担社会责任会对众多企业产生较大的政策激励效应,对预防大型企业滥用经济力量起到约束作用,同时有利于实现自身和社会的多方共赢。因此,金融机构区别于一般企业,在我国企业社会责任发展过程中扮演着重要角色。但相较西方国家,我国企业在社会责任发展方面起步较晚,而现阶段在环境、资源压力不断增大的严峻形势下,作为特殊行业的金融机构,在促进国家经济持续发展的同时,如何有效履行社会责任、推动社会进步以及建设和谐社会是金融机构要面对和解决的重要任务。

一、金融机构社会责任的定义

金融机构在国家经济发展中起着推动的作用,具有资金集散和配置的功能,在推动企业社会责任的运动中发挥着举足轻重的作用。同时,金融机构面向大众,能够承担社会责任和创造良好经营环境,对于金融机构本身、对金融行业和整个社会发展都是非常有利的。金融机构在经济利益和社会责任之间找到平衡点,通过合理的资源配置、贷款投放等手段更好地推进社会经济发展,正向引导人们的消费和生活方式,体现企业社会责任的理念,实现政府、社会、环境、企业、自身等多方共赢的局面,从而实现其社会责任目标。

二、金融机构履行社会责任的意义

(一)履行社会责任,促进和谐发展

金融机构履行社会责任能起到示范作用,还可以带动其他社会组织共同履行社会责任。在企业履行社会责任过程中,金融机构作为社会资源的供给者,通过其提供的产品和服务,促进企业可持续地发展。例如,海尔产业金融是海尔金控旗下专注于产业金融服务的主体,该机构定位"积极的金融、生态的金融和合作的金融",以构建良性运转的产业生态圈为目标,提供综合金融、技术交流、管理咨询及多元资源整合服务。某市承担供水业务以及污水处理业务的一家公司,在其缺少资金运行情况下,海尔产业金融为其提供总额度1.4亿元的融资,并为该公司设计运营方案和协议文件,最终使该公司能持续运行下去,继续为全市提供供水和污水处理业务,为全市市民带来了福音。

(二)实现资金合理配置,防范金融风险

从金融机构内部运营看,金融机构需通过有效资源配置,制定严格风险防范制度,从而保证金融市场良性运营。从金融机构对外投资看,其在提供融资服务过程中,金融机构对融资企业进行严格审核和监督约束,从而牵制企业在此过程中的不恰当行为,以避免对市场产生不良冲击,预防风险发生。例如,日本曾经发生非常严重的产能过剩现象,其根本原因主要是提供融资服务的金融机构对一些已经连年亏损、陷入困境的"僵尸企业"(指已停产、半停产、连年亏损、资不抵债,主要靠政府补贴和银行续贷维持经营的企业)持续给予输血,忽视此举背后的巨大风险,从而加剧了当时日本产能过剩的困顿状态。所以,金融机构只有通过有效资源配置,制定严格风险防范制度,才能持续地履行社会责任,并保证金融市场的稳定发展。

(三)减轻政府资源压力,实现互助共赢

政府在扶持企业承担社会责任方面起着重要决策和支持作用,然而大量资金的投入,会使政府陷入有心无力的境地,金融机构作为宏观经济的支柱,有责任为中国经济的良性循环贡献力量,承担一部分有利于政府实施宏观政策的企业社会责任;为消费者和投资者提供充足资金和优质服务;缓解通胀压力、治理污染及投资于公益事业等。政府可以给予金融机构一定的政策扶持,促进政府、企业与金融机构的良好合作、互助共赢,从而更好地实施社会责任。

三、金融机构社会责任的内容

(一)金融机构内生性社会责任

1. 金融机构对股东的社会责任

金融机构对股东的社会责任是最根本的责任。股东的资本投入,使金融机构得以持续发展。金融机构必须合理使用股东投入资本,以使股东资本壮大和增值。同时,金融机构有责任向股东提供真实的经营情况、投资等信息,保证股东资金安全。

2. 金融机构对员工的社会责任

金融机构要实现其远景目标,最大的支持来自其员工的共同努力。金融机构应该在其发展过程中,关心员工安全和健康、尊重员工的情感、重视员工的培训和发展、使员工在企业能获得工作满足感和归属感。保障员工可持续发展是金融机构必须重视的社会责任。员工如能在机构中实现自我价值且认同企业文化,那么金融机构在经济、法律、道德、社会责任等方面,都能够获得最大的保障。

3. 金融机构对客户的社会责任

金融机构要建立长效经营机制,需要获得客户的信任和长久支持,所以金融机构为投资者、消费者提供最好的服务,是金融机构最基本的社会责任。金融机构需对不同群体提供针对性服务,通过实施合理稳健的经营策略来健全内部风险控制机制、提供对社会有利的商品和服务,提高经营水平和业绩,从而收获利润,促进自身发展,回馈投资者。金融机构还应承担客户教育的责任,积极开展金融知识普及教育活动,引导和培育公众金融意识和风险意识,保障客户财产安全。金融机构应认真履行对于客户的责任,为客户创造良性环境,让客户更安心,从而提高金融机构的社会声誉,为自身的持续发展提供有力保障。

4. 金融机构对政府的社会责任

政府为了更好地实现人与社会、人与自然和谐发展,需依靠大量社会资源来进行建设。作为在社会资源配置中占有重要地位的金融机构,在选择贷款项目时,认真研究分析国家产业政策,严格执行国家有关政策要求,采取有效措施,做到追求自身经济效益和承担社会责任相结合;优化贷款投向,切实加大对服务业和成长性良好的中小企业的信贷投入,实现经济、社会全面可持续协调发展,为政府政策提供强有力的金融支持。

(二)金融机构外延性社会责任

1. 优化信贷结构

金融机构具有资源配置功能。如果金融机构能发挥自身优势,利用信贷杠杆作用,优化信贷结构,把握市场需求的变化规律,合理分配信贷资源,对于国家产业政策鼓励项目积极给予信贷支持,对于限制和淘汰类项目严格控制贷款投放,推动产业良性发展、履行对自然生态维护和资源节约的责任,可以更有效地改善环保、节能、民生等问题,从而为社会经济稳健发展保驾护航。

2. 加大政策性贷款支持力度

国家助学贷款是党中央、国务院用金融手段完善我国普通高校资助政策体系,加大对普通高校经济困难学生资助力度所采取的一项重大措施。金融机构应承担相应的社会责任,积极建立和完善助学贷款长效发展机制,为高校贫困新生提供助学贷款,努力推进国家助学贷款等政策性贷款,使广大人民群众能共同受益。

3. 开展公益性活动

金融机构对社会各个方面影响越来越大,在实现盈利的同时,更应该关心社会发展、公益事业和慈善事业,并为此开展符合其能力和特点的公益性活动,更好更快地促进社会发展和社会公共福利事业的建设。

四、金融机构欠缺社会责任的表现

（一）缺乏风险控制力

不良贷款问题一直是威胁金融安全的最大隐患。金融机构内部缺乏风险控制机制，表现在贷前调查、贷时审查、贷后检查等环节不严，导致不良贷款现象严重。因此金融机构要实现盈利、控制风险，达到可持续发展，必须遵从社会责任和行为准则，提高其专业性、可靠性和良好道德意识，建立风险防范机制来承担持续的社会责任。

（二）缺乏社会责任理念

有的金融机构由于缺少以社会责任为核心价值观的企业文化，在经营过程中偏重对利益的追逐，一味追求企业利益最大化，热衷机会主义、短期行为，忽视企业社会责任的长期影响。从执行情况看，很多金融企业并没有定时发布社会责任报告，也没有将企业发展和社会责任的落实联系在一起；金融机构管理层未能自觉重视社会责任，将社会责任要求和标准融入企业文化理念中，对履行社会责任重视度不够。从客户需求看，客户需要高效的金融服务，可靠和安全的金融产品，然而当前广大居民对金融服务的需求和金融机构服务供给不匹配之间矛盾日益突出。

五、金融机构社会责任提升途径

（一）树立正确的社会责任理念

树立正确的社会责任理念，是金融机构承担社会责任的根本动力。如果金融机构缺少社会责任理念，则将在经营中过分追逐利润，缺乏社会责任意识。很多企业未将社会责任要求和标准统一到企业政策和行为准则中，故社会责任的承担未能得到规范、全面的实施。金融机构各部门需认识到承担社会责任的重要性，并把这个理念落实到日常工作中，提升思想水平。

（二）建立有效的责任机制

长期以来，有些金融机构缺乏社会责任意识，没有相应的考核标杆。建立有效责任机制，便于金融机构发现在实际操作过程中的问题并及时纠正，提升企业社会责任履责水平。建立有效责任机制有利于金融企业确定社会责任目标，明确社会责任方向，建立良好社会责任环境。建立有效责任机制，可以全面提升金融机构履行社会责任水平，更好地使企业考虑自身发展与利益相关方、环境的关系，同时推动企业可持续发展。

（三）创新产品服务

金融机构要围绕客户的需求创新服务，在金融机构风险可控范围内，使金融产品、金融工具品种更加多样化，满足各方不断增加的金融需求。随着我国经济发展的加快、市场规模不断扩大、市场参与者不断增加，金融机构要不断改进金融产品与服务，加快产品研发与创新，以应对国际竞争和各种挑战。譬如，国家金融监督管理总局将持续引导全行业通过着力创新体制机制，在构建社会保障体系、提高社会治理水平、完善防灾减灾体系、服务国家经济转型中持续发力，鼓励各保险机构把加快产品服务优化和推动业务转型升级有机结合起来,在履行企业社会责任与提升企业发展能力之间达到和谐统一,追求经济效益与社会效益双赢。

(四)健全法律机制

我国目前还没有完善的法律来约束和激励企业社会责任的执行行为。如果要不断建立、完善金融业可持续发展的制度基础,就要用严格的制度约束金融机构履行社会责任,规范金融业运营规则和秩序,防范风险发生。我国需要通过制度、法律的不断建立和完善,引导金融机构将社会责任纳入战略目标管理,把商业标准与社会标准、环境标准统一起来,实现资源配置最优化。

第三节 银行业金融机构的社会责任

20世纪70年代,国际上出现了以履行社会责任为己任的道德银行,其职责主要是用于环境、社会、文化和扶助贫困人口项目贷款等。道德银行非常重视履行社会责任,但并未提出银行业金融机构社会责任的概念。2002年10月,世界银行集团下属的国际金融公司和荷兰银行在伦敦召开会议,提出了一项企业贷款准则,规定了金融机构在经济繁荣、环境保护和社会发展三个方面的若干原则。会后,花旗银行、荷兰银行、西德意志银行和巴克莱银行在世界银行和国际金融公司的政策基础之上,制定了"格林威治原则",也称"赤道原则"。经过西方银行界不断摸索,"赤道原则"逐渐成为具有普适性的信贷管理原则,它是一套管理与开发与项目融资有关的社会和环保问题的自愿指导准则,是国际金融机构遵守的行业准则。"赤道原则"的提出与完善是银行业金融机构社会责任运动的一个里程碑。此后,越来越多的学者及金融机构认为银行应承担并履行社会责任。

一、银行业金融机构对企业社会责任的定义

世界银行把企业的社会责任定义为:企业与关键利益相关者的关系、价值观、遵纪守法以及尊重人、社区和环境有关的政策和实践的集合,是企业为提高利益相关者的生活质量而贡献于可持续发展的一种承诺。

《中国银行业金融机构企业社会责任指引》认定的企业社会责任是指银行业金融机构对其股东、员工、消费者、商业伙伴、政府和社区等利益相关者以及为促进社会与环境可持续发展所应承担的经济、法律、道德与慈善责任。银行业金融机构应遵守法律法规和公司章程,遵守社会公德和商业道德,加强企业社会责任管理。银行业金融机构应树立正确的价值观和经营理念,建设具有社会责任感的企业文化,倡导企业伦理化经营,创建和谐社会,促进社会可持续发展。银行业金融机构的企业社会责任至少应包括经济责任、社会责任、环境责任。

二、经济责任

银行业金融机构的经济责任要求银行业金融机构在遵守法律规定下,营造公平、安全、稳定的行业竞争秩序,以优质的专业经营,持续为国家、股东、员工、客户和社会公众创

造经济价值。其经济责任具体包括：①银行业金融机构应在法律规定下积极提高经营效益，努力创造优良的经济利益；银行业金融机构应积极参与保障金融安全、维护平等竞争的金融秩序，加强防范金融风险；积极支持政府经济政策，促进经济稳定、可持续发展，为国民经济提供优良的专业性服务。②银行业金融机构应加强合规管理，规范经营行为，遵守银行业从业人员行为准则、反不正当竞争公约、反商业贿赂公约等行业规则，开展公平竞争，维护银行业良好的市场竞争秩序，促进银行业健康发展。③银行业金融机构应完善公司治理结构，安全稳健经营，严格关联交易管理，履行信息披露义务，确保股东，特别是中小股东享有的法律法规和公司章程规定的各项权益，为股东创造价值。④银行业金融机构应遵循按劳分配、同工同酬原则，构建合理的激励约束机制，保障员工各项权益，促进员工全面发展，为员工创造价值。⑤银行业金融机构应重视消费者的权益保障，有效提示风险，恰当披露信息，公平对待消费者，加强客户投诉管理，完善客户信息保密制度，提升服务质量，为客户创造价值。

三、社会责任

银行业金融机构的社会责任要求银行业金融机构以符合社会道德和公益要求的经营理念为指导，积极维护消费者、员工和社区大众的社会公共利益；提倡慈善责任，积极投身社会公益活动，构建社会和谐，促进社会发展。其社会责任具体包括：①银行业金融机构应承担消费者教育的责任，积极开展金融知识普及教育活动，引导和培育社会公众的金融意识和风险意识，为提高社会公众财产性收入贡献力量。②银行业金融机构应主动承担信用体系建设的责任，积极开展诚实守信的社会宣传，引导和培育社会公众的信用意识。努力促进行业间的协调和合作，加强银行业信用信息的整合和共享，稳步推进我国银行业信用体系建设。③银行业金融机构应提倡以人为本，重视员工健康和安全，关心员工生活，改善人力资源管理；加强员工培训，提高员工职业素质，提升员工职业价值；激发员工工作积极性、主动性和创造性，培养金融人才，创建健康发展、积极和谐的职业环境。④银行业金融机构应支持社区经济发展，为社区提供金融服务便利，积极开展金融教育宣传、扶贫帮困等形式的社区服务活动，努力为社区建设贡献力量。⑤银行业金融机构应关心社会发展，热心慈善捐赠、志愿者活动，积极投身社会公益活动，通过发挥金融杠杆的作用，努力构建社会和谐，促进社会进步。

四、环境责任

银行业金融机构的环境责任要求银行业金融机构支持国家产业政策和环保政策，节约资源，保护和改善自然生态环境，支持社会可持续发展。其环境责任具体包括：①银行业金融机构应依据国家产业政策和环保政策的要求，参照国际条约、国际惯例和行业准则制定经营战略、政策和操作规程，优化资源配置，支持社会、经济和环境的可持续发展。②银行业金融机构应尽可能地开展"赤道原则"的相关研究，积极参考借鉴赤道原则中适用于我国经济金融发展的相关内容。③银行业金融机构应组建专门机构或者指定有关部门负责环境保护，配备必要的专职和兼职人员。④银行业金融机构应制订资源节约与环境保护计划,尽可能减少日常营运对环境的负面影响;定期或不定期地对员工进行环保培训,鼓励和支持员工参与环保的外部培训、交流和合作。⑤银行业金融机构应通过信贷等金融工具支持客户节约资源、保护环境,引导和鼓励客户增强社会责任意识并积极付诸行动;注重对客户进行环保培训,培训内容包括但不限于环境影响评估程序的具体操作、绿色信贷文件的准备等;倡导独立对融资项目的环境影响进行现场调查、审核,而不能只依赖客户提供的环境影响评估报告等资料作出判断。⑥银行业金融机构应积极主动地参与环境保护的实践和宣传活动,为客户和全社会环保意识的提高尽一份力量。

第四节 证券公司的企业社会责任

作为资本市场的重要参与者,证券行业聚焦全面推进乡村振兴、服务实体经济发展等重点领域,积极履行社会责任,为实现中国式现代化作出应有贡献。证券公司勇于担当服务国家战略责任,其业务开展和创新紧紧围绕实体经济的发展需求,在服务区域经济建设、深化国有企业改革、支持民营企业改革创新等方面持续发力。

一、证券公司社会责任内涵

证券公司是专门从事有价证券买卖的法人企业,分为证券经营公司和证券登记公司。证券公司的企业社会责任包括服务乡村振兴、践行新发展理念、参与社会公益等内容。证券公司践行新发展理念包括服务绿色发展和"双碳"目标、服务创新发展、服务协调发展。证券公司参与社会公益包括公益性投入情况、参与证券行业促进乡村振兴公益行动情况、开展投资者教育活动情况、投资者教育工作评估情况。

二、帮扶助力

证券公司发挥专业优势,服务地方融资、支持产业发展,在金融、产业、消费、智力、公益等各领域开展多种帮扶形式助力乡村振兴。①金融帮扶:通过发行上市、再融资、发行债券和资产支持证券、并购重组、发行基础设施公募不动产投资信托基金(REITs)、在新三板市场发行股份、在区域性股权市场挂牌融资、私募股权、设立或参与以市场化方式运作的产业投资基金或乡村振兴基金等方式,为结对帮扶地区企业募集资金。②产业帮扶:通过建设产业园区、开展招商引资、引入帮扶项目、投入帮扶资金等方式,促进结对帮扶地区一、二、三产业融合发展。③消费帮扶:通过宣传推广特色产品、采购特色产品(10万元以上的)、助力拓展销售渠道等方式,加大结对帮扶地区消费帮扶力度。④智力帮扶:发挥研究人才富集、信息获取渠道广泛等优势,以结对帮扶地区为对象开展县域经济研究,为结对帮扶县打造特色产业、巩固脱贫成果、推进乡村振兴提供科学建议,并得到结对帮扶地区相关部门的肯定与认可;面向结对帮扶地区基层干部、专业技术人员、乡村振兴带头人等,组织开展20人次以上的金融知识培训、技能培训、技术支持、创业指导等服务。⑤公益帮扶:面向结对帮扶地区开展乡村助学、师资培训、乡村支教等活动,改善乡村基础教育设施;支持乡村医疗卫生队伍建设,开展乡村医疗卫生人员培训,改善基层医疗服务设施;开展救助自然灾害、事故灾难和公共卫生事件造成的损害,关心关爱老人、帮扶孤儿与特殊家庭未成年人,救治基层困难群众、扶助残障人士等慈善公益活动。

三、促进乡村振兴公益行动

证券行业促进乡村振兴公益行动包括参与"投资者教育进百校"活动、参与"四合一"机制建设。①参与"投资者教育进百校"活动。证券公司以"投资者教育进百校"活动名义,实地或视频开展覆盖100名以上学生的投资者教育活动。教育活动指非宣传公司业务类,面向学生宣传介绍资本市场知识,开展财商教育讲座、财商普及课程、投资者教育保护类竞赛等公益活动。学校认定包含经教育部认定的大中小学校及职业技术学校,不包括老年大学、幼儿园、私人培训机构等。②参与"四合一"机制建设。在签署中国证券业协会、证监局、证券公司、高校四方合作备忘录的基础上,开展下列三项合作内容:共建证券期货知识普及课程,合作开设必修课、选修课、课外实践活动等,每年联合高校开展2门及以上证券期货知识普及课程,提供教学授课超过60课时;举办投资者教育知识类竞赛,每年面向1所及以上合作高校举办以加强投资者教育、提升投资者风险防范意识为主题的竞赛活动,参与人数每次达1000人次及以上;提供实习岗位,每年为合作高校合计提供10名及以上实习岗位,每人单次实习持续时间不少于一个月。

四、公益行动资金方向

证券公司促进乡村振兴公益行动的资金投向领域包括四项:①服务乡村振兴,包括开展乡村助学、师资培训、乡村支教,改善乡村教育设施,实施"志智双扶";巩固乡村"两不愁三保障"和助残、助医成果,通过证券行业特困帮扶基金等方式促进乡村民生改善;宣传、推广乡村特色产品,加大消费帮扶力度;支持派驻挂职干部,组织金融知识培训、技术指导、创业服务;支持农业农村绿色发展,参与乡村生态保护和环境治理,巩固乡村饮水安全成果,服务美丽乡村建设;传承和发展优秀传统文化,参与乡村公共文化设施建设,服务乡村特色文化产业发展;开展基层党组织联学联建,开展党建人才培训;其他助力实现产业兴旺、生态宜居、乡风文明、治理有效、生活富裕的工作内容。②践行新发展理念,包括:开展环境治理、生态修复、生态多样性保护、沙漠化防治和碳汇林种植等;向高校或研究机构开展捐赠支持基础科学项目研究,加大公益类科技创新投入,开展创新人才资助培养等;加大对欠发达地区的产业扶持和公共服务投入,支持中小微企业和民营企业融资。③开展慈善公益活动,包括:救助自然灾害、事故灾难和公共卫生事件造成的损害等;关心关爱老人、帮扶孤儿与特殊家庭未成年人,救治基层困难群众、扶助残障人士等;符合有关法律法规和国家政策规定的其他公益活动。④其他符合新发展理念的公益投向。

巩固训练与提高

案例分析题

北京银行 2023 年社会责任暨 ESG 报告

2024年4月,北京银行发布2023年社会责任暨ESG报告。2023年,北京银行深入贯彻党的二十大精神和中央金融工作会议精神,牢记金融工作的政治性、人民性,坚定不移走好中国特色金融发展之路,积极履行环境责任、社会责任、治理责任,以实际行动擦亮了"负责任银行"的形象。北京银行围绕经济社会绿色转型需求,积极加大绿色金融产品服务创新力度。截至2023年年末,绿色信贷余额1 560.47亿元,增幅41.47%;持有绿色债券余额181.6亿元,增幅84.59%。积极拓展绿色理财、绿色投资、碳金融等创新产品服务,高效满足客户需求。截至2023年年末,共推出10只ESG理财产品,规模共计13.72亿元;参与全国首单光伏发电公募REITs战略投资;累计落地碳减排贷款6.32亿元,带动年度碳减排量12.13万吨二氧化碳当量;发布基于可量化环境效益的碳账户挂钩贷款产品"京行碳e贷",以实际行动支持国家"双碳"目标。

思考: 请查阅城市商业银行社会责任的相关材料并结合案例分析北京银行履行环境责任、社会责任、治理责任的策略。

第三章 科技金融

学习目标

(1) 了解科技创新、科技创新企业、科技金融的内涵。
(2) 掌握银行、资本市场、保险等服务科技创新企业的原理。

能力目标

(1) 理解金融如何有效支持科技创新。
(2) 分析金融业态如何推动"科技—产业—金融"的良性循环。

案例导入

华为2023年年报（摘录）

2024年3月29日，华为发布2023年年报，整体经营情况符合预期，全年实现营业收入7 042亿元，同比增长9.63%，净利润870亿元，同比增长144.38%。其中，ICT基础设施业务保持稳健，终端业务表现符合预期，云计算和数字能源业务实现了良好增长，智能汽车解决方案业务开始进入规模交付阶段。具体来看，2023年，华为ICT基础设施业务实现销售收入3 620亿元，同比增长2.3%；终端业务实现销售收入2 515亿元，同比增长17.3%；云计算业务实现销售收入553亿元人民币，同比增长21.9%；数字能源业务实现销售收入526亿元人民币，同比增长3.5%；智能汽车解决方案业务实现销售收入47亿元人民币，同比增长128.1%。智能汽车解决方案业务销售收入处于快速发展阶段。作为科技巨头，华为在研发方面的投入保证了其较强的科技实力，2023年研发投入达到1 647亿元人民币，占全年收入的23.4%，华为10年累计投入的研发费用超过11 100亿元。2021年至2023年，这三年的研发投入占公司收入均超20%。2023年，华为的研发投入总额排名居全球前五。欧盟2024年3月发布的《2023年工业研发投资记分牌》显示，研发投入排名第一的是谷歌母公司Alphabet，排名第二的是Meta，第三和第四则分别是微软和苹果，华为居全球第五名。数据显示，截至2022年12月31日，华为员工总数约为20.7万名，研发员工数量约为11.4万名，占总员工数量比例约为55.4%。

讨论：华为属于哪类科技创新企业？为什么？

第一节　科技金融概述

当前科技金融发展成效显著,银行业金融机构成为科技金融的"主力军",资本市场成为科技金融的"生力军",科技保险助力科技企业风险管理……金融业服务科技创新的新历史使命——践行科技金融,不仅要利用科技手段提升金融服务质效、用金融力量支持科技型企业,更重要的是立足国家发展大局,建立科技、产业、金融领域系统性融合且可持续创新发展的机制。

一、科技创新

科技创新是原创性科学研究和技术创新的总称,指创造和应用新知识、新技术、新工艺,采用新生产方式和经营管理模式,以及开发新产品、提高产品质量、提供新服务的过程。科技创新已成为发展新质生产力、实现高水平科技自立自强、提高国家综合实力和国际竞争力的核心驱动力和决定性力量。科技创新通常可分为以下三个方面。

1. 知识创新

知识创新是指通过科学研究(包括基础研究和应用研究)获得新的基础科学和技术科学知识的过程,包括科学知识创新、技术知识创新(特别是高技术创新)和科技知识系统集成创新等。其目的是追求新发现、探索新规律、创立新学说、创造新方法、积累新知识。知识创新是技术创新的基础,是新技术和新发明的源泉,是促进科技进步和经济增长的革命性力量。知识创新为人类认识世界、改造世界提供新理论和新方法,为人类文明进步和社会发展提供不竭动力。譬如,以著名科学家钱学森为首的我国学者在20世纪90年代初期提出了开放的复杂巨系统理论,其基本观点是对于自然界和人类社会中一些极其复杂的事物,从系统学的观点来看,可以用开放的复杂巨系统来描述,解决这类问题的方法是从定性到定量综合集成研讨厅体系。

知识创新具有以下5种特征:①独创性。知识创新是对新观念、新设想、新方案和新工艺等的采用,它甚至破坏原有的秩序。知识创新实践常常表现为勇于探索、打破常规,知识创新活动是各种相关因素相互整合的结果。②系统性。知识创新可以说是一个复杂的"知识创新系统"。在实际经济活动中,创新在企业价值链的各个环节中都有可能发生。③风险性。知识创新是一种高收益与高风险并存的活动,它没有现成的方法、程序可以套用,投入和收获未必成正比,风险不可避免。④科学性。知识创新是以科学理论为指导,以市场为导向的实践活动。⑤前瞻性。有些企业,只重视能够为当前带来经济利益的创新,而不注重能够为将来带来利益的创新,而知识创新则更注重未来的利益。

2. 技术创新

技术创新是指利用自然规律解决科研、实验和生产中各种问题的一种解决方案。它能够极大推动企业发展、社会发展和经济复苏。技术创新很好地回答了企业、社会、经济发展所面对的问题,并且用新的方式去解决这些问题,从而让企业、社会、经济向更理想的方向发展。也正是如此,技术创新在现代工业化中扮演着主导角色,世界正在被技术创新的浪潮所改变。例如,莱特兄弟发明了飞机,卡尔·本茨发明了汽车,乔治·斯蒂芬森发明了火车。目前,简单的生活用品也处于日新月异的变化中,如手机集成了照相、GPS、通信、上网等功能,电视变得大而薄,洗衣机变得智能化、自动化,而移动互联网、社交新媒体、云计算等技术已经改变了人们的行为方式。

技术创新具有以下5种特征:①一种经济行为。经济主体(如企业)通过技术创新产出新产品和新工艺等新成果,以获取潜在的市场利益。②一项高风险活动。技术创新风险属于投机风险。同时,技术创新的风险随创新过程的推进而具有积累性。国外的研究表明,应用研究阶段的成功率一般低于25%,开发研究阶段的成功率一般为25%～50%,产业化或商品化阶段的成功率一般为50%～70%,三个阶段的投资比例大体为1:10:100。③时间的差异性。不同层次的技术创新所需的时间因其性质不同而异。据统计,大部分技术创新需要2～10年的时间。企业开发部门从事发展性开发属于短期创新,一般需要2～3年。应用性技术开发属于中期创新,需要5年左右,如应用电子技术开发出电子手表以替换齿轮机械表就属此类。而基础性开发由于是技术原理的发现和新技术的发明,需要的时间可能更长,为8～10年。④外部性。技术的非自愿扩散,促进了周围技术和生产力水平的提高(如对创新成果的无偿模仿等),具有准公共物品的性质,具有较强的正外部性。而其他受益企业却都不愿意为此支付更多的费用,因此,更需要政府给予恰当的资助和支持,以避免企业投入的不足。⑤一体化与国际化。一体化包括企业外部的产学研形成一体化和企业内部的技术开发部门与生产现场及质量管理和销售部门形成一体化。国际化包括国家之间的技术创新合作和技术开发的多国间产业合作。

3. 管理创新

管理创新是指在特定的时空条件下,通过计划、组织、指挥、协调、控制、反馈等手段,对系统所拥有的生物、非生物、资本、信息、能量等资源要素进行再优化配置,并实现人们新诉求的生物流、非生物流、资本流、信息流、能量流目标的活动。管理创新既是一种精神境界,也是一种行为方式;既是一种生存状态,也是一种求索过程。管理创新包括管理思想、管理理论、管理知识、管理方法、管理工具等的创新。

管理创新具有以下5种特征:①创新性。管理创新要求企业在管理模式、方法、手段上不断推陈出新,打破传统束缚,勇于尝试新思路、新方法。例如,率先发现和总结出某些管理领域的客观规律,或者借鉴国内外先进管理理论、理念、方法和手段,在实践中进行创造性应用。②科学性。管理创新必须遵循客观规律,运用科学的方法和手段,确保管理决策的合理性和有效性。例如,企业在管理创新过程中使用了先进或成熟的管理工具或方法论(如大云物移智链、统计分析工具、数学建模、PDCA、流程管理等)。③实践性。管理创新必须紧密结合企业实际,注重实践操作,不断在实践中检验和完善管理理论和方法。例如,管理创新成果能解决公司生产经营和企业管理工作中的重大问题,体现于企业的管理办法、指导意见以及某项工作的实施细则、实施方案。④效益性。管理创新必须以提高企业经济效益为中心,实现管理创新的经济效益和社会效益。例如,优化管理流程、形成制度标准、提升管理指标、提升工作效率等。⑤示范性。管理创新具有可复制、可推广的价值,能为其他企业提供有益的借鉴和参考。

二、科技创新企业

(一) 高新技术企业

1. 定义

我国所指的高新技术企业一般是指在国家颁布的《国家重点支持的高新技术领域》范围内,持续进行研究开发与技术成果转化,形成企业核心自主知识产权,并以此为基础开展经营活动的居民企业,是知识密集、技术密集的经济实体。

2. 高新技术企业的认定条件

(1) 企业申请认定时须注册成立一年以上。

(2) 企业通过自主研发、受让、受赠、并购等方式,获得对其主要产品(服务)在技术上发挥核心支持作用的知识产权的所有权。

(3) 对企业主要产品(服务)发挥核心支持作用的技术属于《国家重点支持的高新技术领域》规定的范围。

(4) 企业从事研发和相关技术创新活动的科技人员占企业当年职工总数的比例不低于10%。

(5) 企业近三个会计年度(实际经营期不满三年的按实际经营时间计算)的研究开发费用总额占同期销售收入总额的比例符合如下要求:最近一年销售收入小于5 000万元(含)的企业,比例不低于5%;最近一年销售收入在5 000万元至2亿元(含)的企业,比例不低于4%;最近一年销售收入在2亿元以上的企业,比例不低于3%。其中,企业在中国境内发生的研究开发费用总额占全部研究开发费用总额的比例不低于60%。

(6) 近一年高新技术产品(服务)收入占企业同期总收入的比例不低于60%。

(7) 企业创新能力评价(4项指标)应达到相应要求。

(8) 企业申请认定前一年内未发生重大安全、重大质量事故或严重环境违法行为。

3. 企业创新能力评价指标

企业创新能力主要从知识产权、科技成果转化能力、研究开发组织管理水平、企业成长性等四项指标进行评价。各级指标均按整数打分,满分为100分,综合得分达到70分以上(不含70分)为符合认定要求。四项指标分值结构如表3-1所示。

表3-1 企业创新能力评价指标

序号	指标	分值(分)
1	知识产权	≤30
2	科技成果转化能力	≤30
3	研究开发组织管理水平	≤20
4	企业成长性	≤20

(二) 科技型中小企业的认定条件

在中国境内(不包括港、澳、台地区)注册的居民企业;职工总数不超过500人、年销售收入不超过2亿元、资产总额不超过2亿元；企业提供的产品和服务不属于国家规定的禁止、限制和淘汰类；企业在填报上一年及当年内未发生重大安全、重大质量事故和严重环境违法、科研严重失信行为，且企业未列入经营异常名录和严重违法失信企业名单；企业根据科技型中小企业评价指标进行综合评价所得分值不低于60分，且科技人员指标得分不得为0分。科技型中小企业评价指标具体包括科技人员、研发投入、科技成果三类，满分100分。

（三）技术先进型服务企业的认定办法

省级科技部门会同本级商务、财政、税务和发展改革部门根据有关规定制定本省（自治区、直辖市、计划单列市）技术先进型服务企业认定管理办法，并负责本地区技术先进型服务企业的认定管理工作。

三、科技金融

2024年1月，国家金融监督管理总局印发《关于加强科技型企业全生命周期金融服务的通知》，引导金融系统将更多金融资源用于促进科技创新。2024年3月，国家金融监督管理总局发布《关于做好2024年普惠信贷工作的通知》，明确银行业金融机构要围绕发展新质生产力的要求，聚焦科技创新、专精特新和绿色低碳发展，以及重点产业链供应链上下游、外贸等领域小微企业，健全专业化服务机制。

（一）科技金融的内涵

党的二十届三中全会审议通过的《中共中央关于进一步全面深化改革、推进中国式现代化的决定》提出，构建同科技创新相适应的科技金融体制，加强对国家重大科技任务和科技型中小企业的金融支持，完善长期资本投早、投小、投长期、投硬科技的支持政策。大力发展科技金融，既是推动金融高质量发展、加快建设金融强国的重要内容，也是金融更好服务科技创新的重要体现。从广义上说，科技金融包括将科技资源与金融资本有效对接的一系列金融工具、金融政策和金融服务的创新性安排。从狭义上说，科技金融是指专门支持科技创新企业、科技创新活动领域的金融产品和服务。

1. 需求侧视角

从科技金融需求侧的狭义视角看，科技金融是指致力于支持科技创新企业发展的金融产品与服务。它侧重于通过金融资本的市场运作，为科技研发、科技成果转化和科技创新型企业提供全方位、全生命周期的金融支持，可以有效连接起科技与市场，让科技成果快速高效地转化为新质生产力。从科技金融需求侧的广义视角看，科技金融是指支持各类科技创新活动的金融产品与服务。

2. 供给侧视角

从科技金融供给侧的视角看，科技金融包括三类：①面向科技企业、科技创新的投融资、支付结算、风险管理、信息管理等核心金融功能。②支持科技企业、科技创新的金融机构、金融市场、金融产品等核心金融要素。③用于保障和服务科技创新的金融政策、金融制度、金融生态、金融基础设施等因素。

3. 融资视角

从科技金融的融资视角看，科技金融远不仅是科技信贷，还包括其他众多直接融资、结构性融资产品。

(二) 金融支持科技创新

1. 金融支持"硬"科技创新、"软"科技和模式创新

"硬"科技创新以航空航天、生物技术、光电芯片等为代表,包括基础科学的进步和底层技术的突破,如"蛟龙"入海、"嫦娥"奔月、"天眼"探空、"神舟"飞天;"软科技"和模式创新以数据、信息等为依托。

2. 金融支持基础性重大科技突破、走向市场化的应用性技术创新

基础性重大科技突破是国家创新体系的重要组成部分,对于国家安全、经济发展、科技研究、人才培养、自然探索等多方面具有重要作用,它可以解决社会可持续发展和国家安全问题,为国家重大战略决策的部署提供科技支撑;追求国际科学前沿,提升我国原始创新能力,推动我国高能物理学、分子生物学等部分基础科学领域研究进入国际先进行列;集聚高新产业,培养创新领军人才,推动地区经济社会多方面高质量发展;满足人民日益增长的美好生活需要,为人民生命健康、低碳绿色环保、重大灾害防控等领域提供系统化的科学解决方案;彰显我国科技强国形象,为人类探索、认识自然作出历史性贡献。例如,国家重大科技基础设施"空间环境地基综合监测网"子午工程二期的重大设备之一——行星际闪烁监测望远镜(即 IPS 望远镜)于 2024 年 5 月 10 日顺利通过工艺测试,正式建成。又如,国家重大科技基础设施——中国散裂中子源二期工程于 2024 年 3 月 30 日在广东东莞启动建设,建设周期为 5 年 9 个月。走向市场化的应用性技术创新包括太阳能光伏(PV)技术、太阳能热水器、太阳能路灯等。

3. 金融支持创新型中小企业、专精特新中小企业、专精特新"小巨人"企业

工信部数据显示,截至 2024 年 6 月底,我国已累计培育专精特新中小企业超 14 万家,其中专精特新"小巨人"企业 1.2 万家。这些优质的科创企业聚力科技创新、深耕细分领域,是推进科技自立自强、稳定产业链供应链的核心力量。

(1) 创新型中小企业具有较高专业化水平、较强创新能力和发展潜力,是优质中小企业的基础力量,计划培育 100 万家左右。创新型中小企业的评价标准如下:①评价得分达到 60 分以上(其中创新能力指标得分不低于 20 分,成长性指标及专业化指标得分均不低于 15 分)。②或满足下列条件之一:近三年内获得过国家级、省级科技奖励;获得高新技术企业、国家级技术创新示范企业、知识产权优势企业和知识产权示范企业等荣誉(均在有效期内);拥有经认定的省部级以上研发机构;近三年新增股权融资总额(合格机构投资者的实缴额)500 万元以上。

(2) 专精特新中小企业实现专业化、精细化、特色化、新颖化发展,创新能力强,质量效益好,是优质中小企业的中坚力量,培育目标是 10 万家左右。"专",即专业化;"精",即精细化;"特",即特色化;"新",即新颖化。专精特新是国家为引导中小企业走专业化、精细化、特色化、新颖化发展之路,增强自主创新能力和核心竞争力,不断提高中小企业发展质量和水平而实施的重大工程,引导中小企业向创新领域快速健康发展。专精特新中小企业认定标准同时满足以下四项条件即视为满足认定条件:①从事特定细分市场时间达到 2 年以上。②上年度研发费用总额不低于 100 万元,且占营业收入总额比重不低于

3%。③上年度营业收入总额在1 000万元以上,或上年度营业收入总额在1 000万元以下,但近2年新增股权融资总额(合格机构投资者的实缴额)达到2 000万元以上。④评价得分达到60分以上或满足下列条件之一:近三年获得过省级科技奖励,并在获奖单位中排名前三,或获得国家级科技奖励,并在获奖单位中排名前五;近两年研发费用总额均值在1 000万元以上;近两年新增股权融资总额(合格机构投资者的实缴额)6 000万元以上;近三年进入"创客中国"中小企业创新创业大赛全国500强企业组名单。

(3) 专精特新"小巨人"企业位于产业基础核心领域和产业链关键环节,创新能力突出、掌握核心技术、细分市场占有率高、质量效益好,是优质中小企业的核心力量,计划培育1万家左右。专精特新"小巨人"企业认定需同时满足专业化指标、精细化指标、特色化指标、创新能力指标、产业链配套指标、主导产品所属领域指标(即专、精、特、新、链、品)等六个方面指标。一是专业化指标:坚持专业化发展道路,长期专注并深耕于产业链某一环节或某一产品。截至上年末,企业从事特定细分市场时间达到3年以上,主营业务收入总额占营业收入总额比重不低于70%,近2年主营业务收入平均增长率不低于5%。二是精细化指标:重视并实施长期发展战略,公司治理规范、信誉良好、社会责任感强,生产技术、工艺及产品质量性能国内领先,注重数字化、绿色化发展,在研发设计、生产制造、供应链管理等环节,至少1项核心业务采用信息系统支撑。取得相关管理体系认证,或产品通过发达国家和地区产品认证(国际标准协会行业认证)。截至上年末,企业资产负债率不高于70%。三是特色化指标:技术和产品有自身独特优势,主导产品在全国细分市场占有率达到10%以上,且享有较高知名度和影响力。拥有直接面向市场并具有竞争优势的自主品牌。四是创新能力指标:满足一般性条件或创新直通条件。一般性条件需同时满足以下三项:①上年度营业收入总额在1亿元以上的企业,近2年研发费用总额占营业收入总额比重均不低于3%;上年度营业收入总额在5 000万元至1亿元的企业,近2年研发费用总额占营业收入总额比重均不低于6%;上年度营业收入总额在5 000万元以下的企业,同时满足近2年新增股权融资总额(合格机构投资者的实缴额)8 000万元以上,且研发费用总额3 000万元以上、研发人员占企业职工总数比重50%以上。②自建或与高等院校、科研机构联合建立研发机构,设立技术研究院、企业技术中心、企业工程中心、院士专家工作站、博士后工作站等。③拥有2项以上与主导产品相关的I类知识产权,且实际应用并已产生经济效益。创新直通条件满足以下一项即可:近三年获得国家级科技奖励,并在获奖单位中排名前三;近三年进入"创客中国"中小企业创新创业大赛全国50强企业组名单。五是产业链配套指标:位于产业链关键环节,围绕重点产业链实现关键基础技术和产品的产业化应用,发挥"补短板""锻长板""填空白"等重要作用。六是主导产品所属领域指标:主导产品原则上属于以下重点领域:从事细分产品市场属于制造业核心基础零部件、元器件、关键软件、先进基础工艺、关键基础材料和产业技术基础;或符合制造强国战略十大重点产业领域;或属于网络强国建设的信息基础设施、关键核心技术、网络安全、数据安全领域等产品。

(三)科技金融供给侧主体

从供给侧来看,科技金融的供给主体以提供直接、间接融资的金融机构为主,此外还包括新兴科技企业、创新平台及中介机构等。随着金融科技与数字金融发展的持续深入，科技金融供给侧有以下主体。

1. 持牌金融机构

持牌金融机构是指依法取得金融监管部门颁发的许可证，具有从事金融业务资格的机构(银行、证券、保险等)。

2. 新兴科技企业

新兴科技企业是指专注于高新技术产业和战略性新兴产业的创新型企业，涉及新一代信息技术、高端装备、新材料、新能源、节能环保以及生物医药等领域。例如，中国证监会发布《关于在上海证券交易所设立科创板并试点注册制的实施意见》，重点支持高新技术产业和战略性新兴产业。

3. 数据企业

数据企业是指借助现代的计算机网络技术、数据库技术、电子商务技术，将企业信息(产、供、销、人、财、物等)数字化，并按照企业的运行机制和规律融合到一个能全面反映企业现状综合信息管理系统平台之中，最终为企业的经营活动、管理和决策提供强有力的支持和系统服务的企业。国内外大数据企业包括 Microsoft、IBM、Informatica、Google、阿里巴巴、腾讯、华为等。

4. 平台企业

平台企业是指基于互联网、云计算等新一代信息技术提供商品和服务，符合商业活动自营、交易链条闭环、政企协作联动、合规保障有力等要求的现代服务业平台。2023年7月5日，浙江省委、省政府召开全省平台经济高质量发展大会，阿里巴巴、网易等多家平台企业代表受邀参会。此次大会出台了《关于促进平台经济高质量发展的实施意见》，所用的措辞是"高质量发展"，释放出更积极的鼓励信号。2023年7月12日，国家发改委会同相关部门，在深入调研了解平台企业发展情况后，首次公布了包含阿里巴巴、腾讯、美团等在内的平台企业在支持科技创新、传统产业转型方面的典型投资案例。这一系列动作，都意味着平台经济在经历了"成长的烦恼"之后，迈向了"高质量发展"的新阶段。

5. 科技中介服务机构

科技中介服务机构可以通过提供科技评估、专利检索、财务咨询、风险投资等服务，帮助科技企业了解金融机会和技术趋势，提供创新的金融产品和服务；还可以帮助企业与金融合作伙伴建立合作关系，促进科技和金融的深度融合和合作。此外，科技中介服务机构还可以通过与相关政府部门的合作，推动科技与金融的政策支持和监管服务。

第二节　我国科技金融发展现状

一、银行业金融机构成为科技金融的"主力军"

以银行为主导的间接融资是我国现阶段科技企业融资的重要渠道，银行机构要加快完善创新支持体系,发挥自身优势,切实提高服务科技创新的质效。近年来,诸多商业银行努力开发专属科技信贷产品,创新专营信贷体系,设立专营机构和服务团队,实现差异性、定制化产品支持与服务。据国家金融监督管理总局统计,截至2023年7月28日,我国已设立科技特色支行、科技金融专营机构超1000家。

(一) 创新信贷产品

针对科技企业产业周期开发覆盖全产业链的金融服务,努力完善科创投资产业链,尤其是支持初创期向成熟期过渡的创新型企业发展,探索实施优惠利率等相关举措;创新科技企业还款方式,降低利息成本,无缝衔接"续贷",提升科创企业用款还款便利性。

为贯彻落实党中央、国务院决策部署,强化国家战略科技力量,推进关键核心技术攻关和自主创新,根据国务院常务会议要求,2022年中国人民银行设立科技创新再贷款。科技创新再贷款额度为2000亿元,利率为1.75%,期限为1年。中国人民银行通过科技创新再贷款向金融机构提供低成本资金,引导金融机构在自主决策、自担风险的前提下,向科技企业发放贷款,撬动社会资金促进科技创新。科技创新再贷款支持范围包括高新技术企业、专精特新中小企业、国家技术创新示范企业、制造业单项冠军企业等科技企业,优先支持参与国家科技计划项目企业、国家制造业创新中心、国家级专精特新"小巨人"企业、国家关键产业链龙头骨干企业及上下游关键配套企业、参与组建创新基地平台企业以及国家级科技园区内企业。具体支持的科技企业分别按照科技部、工业和信息化部现行标准认定,并由科技部、工业和信息化部通过国家科技创新创业数据平台、国家产融合作平台等渠道向金融机构推送。科技创新再贷款发放对象包括国家开发银行、政策性银行、国有商业银行、中国邮政储蓄银行、股份制商业银行等共21家金融机构。科技创新再贷款采取"先贷后借"的直达机制,按季度发放,按照支持范围内且期限6个月及以上科技企业贷款本金的60%提供科技创新再贷款资金支持。自2022年4月1日起,金融机构按照市场化原则向符合条件的科技企业发放贷款后,于次季度第一个月向人民银行申请科技创新再贷款资金。对于符合条件的贷款,人民银行提供科技创新再贷款资金支持。

(二) 创新授信模式

国家管理层需加强科技型企业信息库建设,重视企业资信状况、资金安全、研发专利等,开发特色信用贷款产品。在国家层面,2024年7月,为深入实施创新驱动发展战略,更好发挥政府性融资担保体系作用,撬动更多金融资源支持科技创新类中小企业发展,我国财政部、科技部、工业和信息化部、金融监管总局联合制订了支持科技创新专项担保计划,要求被支持的中小企业已纳入"全国科技型中小企业信息库"。在地方层面,譬如上海科技金融服务推出"点心贷",最高授信3000万元。2024年7月24日,上海科创金融联盟召开全体大会并发布一种针对科技型企业的小型联合贷款机制的"点心贷"创新产品。针对科创小微企业成长快、轻资产、风险高等特点,上海科创金融联盟探索推出"点心贷"产品新模式,将为符合条件的"硬核"科创企业提供微型联合贷款。

(三) 充分发挥政策性银行的资金与运营优势

政策性金融是由政府主导,以国家信用为背书,向特定群体提供优惠条件,配合国家特定发展战略安排的特殊金融形式,具有期限长、非营利性等特点,是符合科创企业成长需求的"耐心资本",是多元化接力式科创金融服务体系的重要组成部分。政策性金融肩负着科技强国建设、产业转型升级、赶超世界先进等重大历史使命,加大政策性科创金融供给是强化金融服务创新驱动发展战略效能的重要着力点。此外,政策性银行资金规模大、期限长、非营利性的特点与科技融资需求也高度契合。国家管理层需引导政策性信贷为重大科技创新领域的发展、"卡脖子"技术的突破、科技成果转化、科技型中小企业发展提供金融支持。例如,德国复兴信贷银行下设子公司专门负责为中小企业、创业初期企业的科创融资项目提供中长期低息贷款和股权融资;美国设立小企业管理局,为中小企业研发和技术创新制定优惠贷款政策,并提供直接投资、担保和咨询管理等服务;日本成立政策金融公库,通过"初创型企业贷款计划"为初创型中小企业提供无需抵押担保的政策性贷款支持。

二、资本市场成为科技金融的"生力军"

近年来,国家切实提高科技金融直接融资比例,进一步发展多层次资本市场,完善直接融资"绿色通道";持续优化科创板、创业板、北京证券交易所上市融资环境,增强区域性股权市场培育孵化功能,加强科技型企业上市后备资源培育,遴选真正有发展潜力的科技型企业挂牌上市;不断加大科创债发行力度,支持符合条件的企业发行科创公司债券等融资工具,在立足发行规模增长的同时追求结构优化,助力科技企业解决关键核心技术难题;支持科技型企业通过并购重组、股权转让、资产证券化、引入战略投资者等方式拓宽融资渠道;畅通创投机构"募投管退"全链条,加大创投基金对种子期、初创期科技型企业的投资力度。

为更好服务科技创新,促进新质生产力发展,2024年4月,中国证监会发布《资本市场服务科技企业高水平发展的十六项措施》,从上市融资、并购重组、债券发行、私募投资等全方位提出支持性举措。证监会的十六项措施主要包括建立融资"绿色通道"、支持科技型企业股权融资、加强债券市场的精准支持、完善支持科技创新的配套制度等四方面内容。一是建立融资"绿色通道"。加强与有关部门的政策协同,精准识别科技型企业,健全"绿色通道"机制,优先支持突破关键核心技术的科技型企业在资本市场融资。二是支持科技型企业股权融资。统筹发挥各板块功能,支持科技型企业首发上市、再融资、并购重组和境外上市,引导私募股权创投基金投向科技创新领域。完善科技型企业股权激励机制,明确方式、对象和实施程序。三是加强债券市场的精准支持。推动科技创新公司债券高质量发展,重点支持高新技术和战略性新兴产业企业进行债券融资,鼓励政策性机构和市场机构为民营科技型企业发行科创债券融资提供增信支持。四是完善支持科技创新的配套制度。加大金融产品创新力度,督促证券公司提升服务科技创新的能力。践行"开门搞审核"理念,优化科技型企业服务机制。

三、非银行金融机构和市场中介成为科技金融的支持力量

非银行金融机构和市中介是助力科技金融市场全面发展的重要力量。我们应积极发挥非银行金融机构和市场中介的支持作用:进一步创新科技金融领域保险产品与险种,

支持各类科技创新与应用,为企业的研发、生产、销售、售后以及其他经营活动提供多元化的风险分担机制,完善科技金融风险补偿机制;创新融资担保业务模式,扩大科技型中小企业融资担保覆盖面,支持政府性融资担保机构发展,逐步推动科技担保业务全覆盖;完善服务平台,推动征信机构建立科技型企业信用评价体系;鼓励信息化企业打造科技金融大数据信息平台,完善投融资需求和征信体系的信息共享机制,畅通资源要素循环流转。

2021年11月,原中国银保监会印发的《关于银行业保险业支持高水平科技自立自强的指导意见》要求保险机构强化科技保险保障作用及强化科技保险服务。据不完全统计,目前我国已有数十个科技保险险种,覆盖科技企业产品研发、知识产权保护、贷款保证、关键研发人员健康和意外风险保障等多个方面。根据2023年9月国家金融监督管理总局发布的《关于优化保险公司偿付能力监管标准的通知》,对于保险公司投资国家战略性新兴产业未上市公司股权,风险因子(即保险公司投资和经营业务的资本占用)下调为0.4,意味着保险公司可以进行更多投资;科技保险适用财产险风险因子计量最低资本,按照90%计算偿付能力充足率。

第三节 新形势下我国科技金融的发展策略

科技创新是新质生产力的核心驱动力,发展新质生产力是推动高质量发展的内在要求和重要着力点。党的二十届三中全会提出,要健全因地制宜发展新质生产力体制机制。《中共中央关于进一步全面深化改革、推进中国式现代化的决定》提出,应构建同科技创新相适应的科技金融体制,加强对国家重大科技任务和科技型中小企业的金融支持,完善长期资本投早、投小、投长期、投硬科技的支持政策。

一、推动金融资源向科技创新倾斜

我们需助力因地制宜发展新质生产力,为处于不同发展阶段的科技型企业提供多元化、接力式金融服务。

(一)聚焦支持对象

财政部、科技部、工业和信息化部、金融监管总局于2024年7月发布《关于实施支持科技创新专项担保计划的通知》,要求分类提高分险比例。银行和政府性融资担保体系分别按不低于贷款金额的20%、不高于贷款金额的80%分担风险责任。融担基金分险比例从20%提高至不超过40%。省级再担保机构分险比例不低于20%。有条件的省级再担保及担保机构可提高分险比例,以减少市县级担保机构的风险分担压力。根据企业不同类型,融担基金分险比例分为三档:①对于专精特新"小巨人"企业、专精特新中小企业、承担国家科技项目的中小企业,融担基金分担不超过40%的风险责任;②对于高新技术企业、依托"创新积分制"筛选出的科技型中小企业,融担基金分担不超过35%的风险责任;③对于科技型中小企业、创新型中小企业,融担基金分担不超过30%的风险责任。

(二)解决科技型企业发展的资金问题

中国人民银行联合科技部等七部门于2024年6月发布《关于扎实做好科技金融大文

章的工作方案》，围绕培育支持科技创新的金融市场生态这一目标，提出一系列有针对性的工作举措。全面加强金融服务专业能力建设，支持银行业金融机构构建科技金融专属组织架构和风控机制，完善绩效考核、尽职免责等内部制度。建立科技型企业债券发行绿色通道，从融资对接、增信、评级等方面促进科技型企业发债融资。强化股票市场、新三板、区域性股权市场等服务科技创新功能，加强对科技型企业跨境融资的政策支持。将中小科技企业作为支持重点，完善适应初创期、成长期科技型企业特点的信贷、保险产品体系，深入推进区域性股权市场创新试点工作，丰富创业投资基金资金来源和退出渠道。打造科技金融生态圈，鼓励各地组建科技金融联盟，支持各类金融机构、科技中介服务组织等交流合作，为科技型企业提供"天使投资—创业投资—私募股权投资—银行贷款—资本市场融资"的多元化接力式金融服务。

（三）支持科技型企业做优做强

中国证监会于2024年6月发布《关于深化科创板改革　服务科技创新和新质生产力发展的八条措施》，主要包括：一是强化科创板"硬科技"定位，严把入口关，进一步完善科技型企业精准识别机制，支持优质未盈利科技型企业在科创板上市。二是开展深化发行承销制度试点，优化新股发行定价机制，完善科创板新股配售安排，加强询报价行为监管。三是优化科创板上市公司股债融资制度，建立健全开展关键核心技术攻关的"硬科技"企业股债融资、并购重组"绿色通道"，探索建立"轻资产、高研发投入"认定标准，推动再融资储架发行试点案例率先在科创板落地。四是更大力度支持并购重组，支持科创板上市公司开展产业链上下游的并购整合，提高并购重组估值包容性，丰富并购重组支付工具，支持科创板上市公司聚焦做优做强主业开展吸收合并。五是完善股权激励制度，提高股权激励精准性，完善科创板上市公司股权激励实施程序。六是完善交易机制，加强交易监管，丰富科创板指数、ETF品类及ETF期权产品。七是加强科创板上市公司全链条监管，从严打击科创板欺诈发行、财务造假等市场乱象，引导创始团队、技术骨干等自愿延长股份锁定期限，优化私募股权创投基金退出"反向挂钩"制度，严格执行退市制度。八是积极营造良好市场生态，推动优化科创板司法保障制度机制，加强与地方政府、相关部委协作，深入实施"提质增效重回报"行动。

二、夯实科技金融创新基础

科技金融更专注地为科技创新企业提供资金支持，更有效地把资金投放到最具技术发展潜力和市场效益的科技创新项目上，提高了各类生产要素资源的配置效率；通过资源要素的有效配置，促进优质生产要素合理流动，提升生产要素的质量，优化了要素的组合，推动新质生产力的快速发展。科技金融创新基础包括硬生态要素和软生态要素，如基础设施建设、资本、人力、数据等。

（一）硬生态要素

硬生态要素主要体现为基础设施建设。国家应加强科技金融相关基础设施建设，建立多层次、广覆盖的常态化投融资对接平台，扩大知识产权基础数据、企业研发活动信息等开放共享：①加快推进信用信息的数据标准等基础性标准建设，通过金融科技手段助力数据安全可信流通。在信用信息数据共享开放前,相关部门要解决数据分类分级及数据安全风险评估等问题。②引导和激励有实力的企业参与科技金融基础设施建设运营,提升各类平台对科技金融风险识别与风险预警指导的专业化服务能力。③大力推动政府部门加强相关信息的整合与公开,在企业授权下由金融机构有限使用这些信息;引导金融机构与会计师事务所、律师事务所等中介组织发起成立科技金融服务联盟,促进科技金融服务提供者之间的交流与互动,为科技企业提供兼具综合性和差异化的产品,与科技企业共享企业商业行为相关信息。

(二) 软生态要素

科技企业的成长需要多种软生态要素资源,如资本、人力、数据等。资本要素包括资金投入、资本结构、资本成本和资本运营效益。科技企业在足够资金的支持下比较容易获得优质的人力资源,进一步加强科技人才队伍建设,强化业技融合,建立人才管理和培训机制,在新技术、新产业、新模式等领域寻求突破。同时,资本要素有利于企业运用大数据、云计算、人工智能、区块链、物联网等现代技术实现创新发展。数据要素是指那些以电子形式存在的、通过计算的方式参与到生产经营活动并发挥重要价值的数据资源。推动资本要素与人力要素的结合有利于进一步提升人力的价值创造功能。推动资本要素与数据要素的结合有利于进一步加大数据要素的价值创造。

三、推动"科技—产业—金融"良性循环

金融与科技、产业形成良性循环,是推动科技创新和产业创新深度融合的重要力量。科技产业金融一体化旨在解决好、处理好产业变革与金融创新之间的关系,破解以间接融资为主的金融体系与产业科技创新之间的结构性矛盾,鼓励更多的金融资本和社会资本投入,进而降低创新成本,缩短研发周期,促进创新成果更快更好地转化为产品并实现产业化,提升产业科技创新的效率和效益。

(一) 协同科技创新链、成果转化链、金融资本链

科技产业金融的融合互动是一个动态渐进的系统性工程。科技产业金融的新循环必然取代"房地产—土地财政—金融"的旧循环,为我国经济注入更强大的动能。创新企业集群实现了科技资源的规模经济效应,创新产业链则体现各类企业的创新能力与定位互补关系,创新企业集群和创新产业链有着共性的金融需求。金融业需要探索完善符合两者需求特点、标准化与个性化相结合的科技金融产品与服务,推动多方合作的产业链金融创新,在促进科技创新研发链、产业链、市场链"三链协同"的基础上,着力实现科技创新链、成果转化链、金融资本链的协同。

(二) 协同数据、技术和效率

科技创新为产业高质量发展深度赋能,产业发展为科技创新提供更多的应用场景和需求动力。银行业、证券业、保险业应积极应用新技术,全面改进业务模式,与科技型企业在合规基础上全面合作。金融机构应充分利用数据要素和新技术改进各类金融服务与产品,针对科技金融产品进行技术赋能,提升数据、技术和效率的协同性。

巩固训练与提高

> **案例分析题**

江苏 2024 年科技领域新增专项贷款授信 2 700 亿元
——深度融合,构建"科技—产业—金融"循环生态

科技创新引领新质生产力发展离不开金融"活水"的精心浇灌。江苏不断强化科技金融产品和服务创新,着力加强科技金融服务体系建设,推进形成"科技—产业—金融"有序循环的良好生态。2023 年,全省科技领域新增贷款 2 214 亿元,新增发放"苏科贷"贷款 111 亿元,新增科创板上市公司 14 家,总数达 110 家。为破解科技创新企业融资难问题,江苏推出"科技创新企业首贷贴息"政策。省财政厅金融处副处长赵保康介绍,政策支持对象包括高新技术企业、科技型中小企业、创新型科技企业、专精特新企业等,贴息贷款总规模 200 亿元,单户贷款额度最高为 2 000 万元。为进一步促进科技产业金融融合,做好科技金融这篇大文章,江苏构建形成"科技—产业—金融"有序循环的良好生态,把促进科技产业金融融合摆在更加突出的位置。截至 2023 年末,全省高新技术企业贷款余额 1.31 万亿元,同比增长 26.6%;科技型中小企业贷款余额 5 693 亿元,同比增长 26.1%。

思考: 请查阅资料了解中国科技领域信贷状况,结合案例分析构建"科技—产业—金融"循环生态的必要性和重要性。

第四章 绿色金融

🌅 **学习目标**

(1) 了解绿色金融的内涵及其发展现状。
(2) 掌握绿色金融的分类标准。

🌅 **能力目标**

(1) 理解绿色金融的各类产品。
(2) 分析如何推动绿色金融与转型金融有效衔接。

🌅 **案例导入**

北京银行打造"绿融+"立体化服务品牌

北京银行聚焦绿色金融场景,加大产品创新力度,持续搭建"绿融+"绿色金融品牌下的立体化服务体系,形成包括绿融贷、绿融债、绿融链、绿融家在内的四大系列产品服务,持续构建绿色信贷、绿色债券、绿色供应链、绿色金融服务平台,打造点、线、面相结合的立体化服务体系。依托"绿融贷"产品体系,北京银行落地北京市首单国家核证自愿减排量(CCER)质押贷款,金额为300万元,用于支持企业林业碳汇项目,促进绿色产业赋能增值;借助"绿融债"金融工具,北京银行成功发行2023年度第一期绿色金融债券100亿元,募集资金全部用于《绿色债券支持项目目录(2021年版)》规定的绿色项目,涵盖节能环保产业、清洁生产产业、清洁能源产业和基础设施绿色升级四大产业领域;发挥"绿融链"产品优势,北京银行成功落地供应链绿色资产支持票据承销业务,所有入池资产均属于绿色产业领域,基础资产现金流全部源于绿色产业领域收入。"绿融家"是北京银行联合政府部门、科研院所、绿色交易平台和业内专业机构,共同打造绿色金融生态圈,为企业提供"双碳"目标咨询、碳中和路径规划、绿色融资、碳核算和信息披露等综合化金融及增值服务。

讨论:作为我国城市商业银行的北京银行如何助力绿色产业提质增效?

第一节 绿色金融概述

目前,我国正处于经济结构调整和发展方式转变的关键时期,对支持绿色产业以及经济、社会可持续发展的绿色金融的需求不断扩大。金融业需要全面贯彻《中共中央 国务院关于加快推进生态文明建设的意见》和《生态文明体制改革总体方案》精神,坚持创新、协调、绿色、开放、共享的新发展理念,落实政府工作报告部署,从经济可持续发展全局出发,建立健全绿色金融体系,发挥资本市场优化资源配置、服务实体经济的功能,支持和促进生态文明建设。

一、绿色金融内涵

(一)绿色金融的定义

绿色金融是伴随着绿色产业的概念应运而生的新概念。经国务院同意,中国人民银行、财政部等七部委于2016年8月联合发布《关于构建绿色金融体系的指导意见》,首次给出绿色金融的"官方"定义,有助于界定绿色金融产品,为通过"声誉效应"来激励绿色投资提供基础。该意见明确表示,绿色金融是指为支持环境改善、应对气候变化和资源节约高效利用的经济活动,即对环保、节能、清洁能源、绿色交通、绿色建筑等领域的项目投融资、项目运营、风险管理等所提供的金融服务。这是国内迄今为止最为权威的关于绿色金融的定义。由此可见,绿色金融的目的是支撑有环境效益的项目,而环境效益包括环境改善、应对气候变化和资源高效利用;绿色项目的主要类别对未来各种绿色金融产品(包括绿色信贷、绿色债券、绿色股票指数等)的界定和分类有重要的指导意义;绿色金融不仅包括贷款和证券发行等融资活动,也包括绿色保险等风险管理活动,还包括具有多种功能的碳金融业务。

(二)绿色产业的界定

我国的绿色金融执行标准以发改委发布的《绿色产业指导目录(2019年版)》(简称《目录(2019年版)》)为依据进行判断。属于《目录(2019年版)》范围内的绿色产业,可以获得银行绿色金融提供的信贷或者发行绿色债券。随着技术和意识形态的进步,绿色产业本身的界定范围也在不断地延伸和改变。为全面贯彻党的二十大精神,培育壮大绿色发展新动能,加快发展方式绿色转型,国家发展改革委会同工业和信息化部、自然资源部、生态环境部、住房城乡建设部、交通运输部、中国人民银行、金融监管总局、中国证监会、国家能源局印发了《绿色低碳转型产业指导目录(2024年版)》(发改环资〔2024〕165号,简称《目录(2024年版)》)。《目录(2024年版)》是在《目录(2019年版)》的基础上,结合绿色发展新形势、新任务、新要求修订形成的。《目录(2024年版)》共分三级,包括7类一级目录、31类二级目录、246类三级目录。《目录(2024年版)》及其解释说明明确了节能降碳产业、环境保护产业、资源循环利用产业、能源绿色低碳转型、生态保护修复和利用、基础设施绿色升级、绿色服务等绿色低碳转型重点产业的细分类别和具体内涵,为推动经济社会发展绿色低碳转型提供支撑,为各地方、各部门制定完善相关产业支持政策提供依据。因而,就目前的趋势看,绿色金融的支持范围将会继续跟着"目录"的更新而保持动态调整。

(三)绿色金融体系的构建

绿色金融体系是指通过绿色信贷、绿色债券、绿色股票指数及相关产品、绿色发展基金、绿色保险、碳金融等金融工具和相关政策,支持经济绿色转型的制度安排。构建绿色金融体系的主要目的是动员和激励更多社会资本投入绿色产业,同时更有效地抑制污染性投资。构建绿色金融体系,不仅有助于加快我国经济绿色转型,支持生态文明建设,也有利于促进环保、新能源、节能等领域的技术进步,加快培育新的经济增长点,提升经济增长潜力。

二、绿色金融发展现状

党的十八大以来,我国绿色金融体系建设取得显著成效,现已形成以绿色贷款、绿色债券为主的多层次多元化绿色金融市场,为服务实体经济绿色低碳发展提供了强大动力。

当前,金融对绿色发展的引领作用进一步凸显,绿色贷款保持高速增长,季度增量创历史新高。截至2024年一季度末,我国本外币绿色贷款余额为33.77万亿元,同比增长35.1%,高于各项贷款增速25.9个百分点,一季度增加3.7万亿元,季度增量创历史新高。具体来看,投向具有直接和间接碳减排效益项目的贷款分别为11.21万亿元、11.34万亿元,合计占绿色贷款的66.8%。分用途来看,基础设施绿色升级产业、清洁能源产业和节能环保产业贷款余额分别为14.57万亿元、8.72万亿元和4.79万亿元,同比分别增长31.4%、39.4%和34.4%,一季度分别增加1.48万亿元、8 536亿元和5 757亿元。除了总量增长,贷款期限与实体经济的适配度也日益提升,资金利率下行。中国人民银行2024年5月10日发布的《2024年第一季度中国货币政策执行报告》显示,碳减排贷款期限通常在10年以上,能够匹配清洁能源较长的建设运营周期,优化了企业的融资期限结构;与此同时,资金利率下行。某清洁能源上市公司披露的数据显示,2023年利息成本较2021年下降约0.84%。

绿色金融既需要间接融资支持,也需要直接融资助力。中国人民银行、国家发展改革委等七部门于2024年4月10日联合发布的《关于进一步强化金融支持绿色低碳发展的指导意见》提出,进一步加大资本市场支持绿色低碳发展力度。其中,支持符合条件的企业在境内外上市融资或再融资,募集资金用于绿色低碳项目的建设运营;大力支持符合条件的企业、金融机构发行绿色债券、绿色资产支持证券;积极发展碳中和债、可持续发展挂钩债券;规范开展绿色债券、绿色股权投融资业务等。作为直接融资的重要渠道,绿色债券市场也迎来了进一步发展。截至2024年3月末,我国绿色债券余额超1.9万亿元。其中,绿色金融债券余额约8 700亿元,占绿色债券整体存量超四成,为金融机构投放绿色信贷提供了稳定的资金来源。

为了更好地支持煤炭行业转型,2021年11月,根据国务院常务会议要求,中国人民银行创设支持煤炭清洁高效利用专项再贷款(以下简称专项再贷款),总规模2 000亿元;2022年5月,中国人民银行增加1 000亿元专项再贷款。《2024年第一季度中国货币政策执行报告》显示,支持煤炭清洁高效利用专项再贷款于2023年年末到期,存量资金继续有效发挥作用,截至2024年一季度末,该专项再贷款的余额为2 641亿元。在我国企业总数中,绝大部分是中小企业,它们也面临着绿色低碳转型问题。绿色金融也要更多关注中小企业特别是小企业的绿色低碳转型需求。

2024年2月发布的《目录(2024年版)》在内容上作出了较多调整,为转型金融的发展创造了条件,对我国绿色信贷、ESG 债券、绿色保险等标准产生影响。《目录(2024 年版)》的应用会进一步推动绿色金融与转型金融的有效衔接,破除转型金融前期实践中存在的实际障碍。

三、绿色金融分类标准

从国际角度看,绿色分类标准主要有两类。第一类是由市场主导、国际组织制定的国际绿色债券标准;第二类是欧盟和我国的绿色分类标准。

(一)由市场主导、国际组织制定的绿色债券标准

(1)《绿色债券原则》(GBP),由国际资本市场协会(ICMA)制定,包括绿色债券支持的九大类项目(可再生能源、能效提升、污染防治、清洁交通等),并提出定期披露募集资金使用情况、绿色债券资格认证程序等。日本环保部以 GBP 为基础发布了《绿色债券指引》,要求绿色债券需符合 GBP 规定,并可享受一定的政府补贴。

(2)《气候债券标准》(CBS),由气候债券倡议组织(CBI)制定,是对 GBP 的细化,对绿色项目提出了认定指标,可操作性更强。2015 年,法国环境部规定,若某投资基金将超过 50%的募集资金用于投资符合 CBS 标准的项目,该基金将被视作绿色投资,被授予"GreenFin"的绿色标签。

(二)我国已构建较为完善的绿色分类标准

(1)《目录(2019 年版)》将绿色经济活动范围划定为 6 类产业,包括节能环保、清洁生产、清洁能源、生态环境、基础设施绿色升级以及绿色服务;这 6 类产业下细分为 30 项二级分类和 211 项三级分类。

(2)中国人民银行以产业目录为基础,建立完善的《绿色债券支持项目目录》。2015 年,中国金融学会绿色金融委员会(简称绿金委)编制了《绿色债券支持项目目录》,规定绿色债券支持的经济活动范围。与发改委产业目录相比,该目录拟删除化石能源清洁利用的相关项目类别,增加绿色贸易和消费融资活动。

(3)中国银监会 2013 年制定的《绿色信贷统计标准》,包括 12 类绿色信贷支持的行业大类名称,但没有细化说明。

(三)欧盟已推出可持续分类标准

欧盟可持续分类标准,是指 2020 年 3 月正式公布的《欧盟可持续金融分类方案》(简称《分类方案》)。为落实欧盟《为可持续增长融资的行动计划》,欧委会于 2018 年 6 月正式成立可持续金融技术专家小组(TEG),负责制定可持续分类标准,最终形成《分类方案》。《分类方案》明确了欧盟可持续经济活动范围,共涵盖 7 类经济行业、67 项经济活动,服务于实现减缓气候变化、适应气候变化、水资源保护、发展循环经济、防治污染、保护生物多样性等目标。每个经济活动具有配套的技术性筛选标准。

(四)其他国家和地区绿色分类标准的发展

南非、加拿大、智利、哥伦比亚、新加坡、印度等国家正在根据当地经济发展和产业结构特点,加紧制定国内绿色分类标准。例如,加拿大标准委员会表示,国际通行的绿色标

准不承认一些自然资源部门是"绿色"或"正在转型中",因此急需一套"加拿大制造"的绿色分类标准,以避免这些部门被排除在绿色进程之外;智利、南非计划在制定绿色分类标准时,以欧盟《分类方案》为基础,并结合国内产业结构,优先考虑采矿业;新加坡计划其国内绿色分类标准将参考国际共识,并纳入"转型经济活动",包括原本不是绿色,但正在向绿色转型的经济活动。

第二节 绿色金融产品

一、绿色信贷

绿色信贷是一种支持环境保护和绿色产业发展的信贷活动。《绿色贷款原则》(GLP)将绿色贷款定义为"专门用于为新的或现有的符合条件的绿色项目提供全部或部分融资或再融资的贷款工具"。GLP规定绿色贷款的申请必须包括四个核心部分:一是资金用途,针对气候变化、空气、水和土壤污染、生物多样性丧失等关键环境问题,GLP列明了绿色项目支持的具体类别。二是项目评估和选择过程,规定绿色贷款的借款人应当向出借方明确项目的环境可持续性目标,确定项目符合绿色合格类别,鼓励借款人披露其遵循的绿色标准或认证。三是资金管理,绿色贷款的收益应计入专用账户或以适当方式进行跟踪,并鼓励借款人建立内部治理流程跟踪资金分配情况。四是信息披露,要求借款人至少每年提供一次贷款资金的最新使用情况,且在有重大进展时更新。此外,GLP也建议绿色贷款项目在适当的时候进行外部审核,并提供第三方评估报告。完善与加快推进绿色信贷发展,主要有以下着力点。

(一)构建支持绿色信贷的政策体系

完善绿色信贷统计制度,加强绿色信贷实施情况监测评价。探索通过再贷款和建立专业化担保机制等措施支持绿色信贷发展。对于绿色信贷支持的项目,相关主体可按规定申请财政贴息支持。探索将绿色信贷纳入宏观审慎评估框架,并将绿色信贷实施情况关键指标评价结果、银行绿色评价结果作为重要参考,纳入相关指标体系,形成支持绿色信贷等绿色业务的激励机制和抑制高污染、高能耗和产能过剩行业贷款的约束机制。

(二)推动绿色信贷资产证券化

在总结前期绿色信贷资产证券化业务试点经验的基础上,通过进一步扩大参与机构范围,规范绿色信贷基础资产遴选,探索高效、低成本抵质押权变更登记方式,提升绿色信贷资产证券化市场流动性,加强相关信息披露管理等举措,推动绿色信贷资产证券化业务常态化发展。

(三)实施风险敞口评估

支持银行和其他金融机构在开展信贷资产质量压力测试时,将环境和社会风险作为重要的影响因素,并在资产配置和内部定价中予以充分考虑。鼓励银行和其他金融机构对环境高风险领域的贷款和资产风险敞口进行评估,定量分析风险敞口在未来各种情景下对金融机构可能带来的信用和市场风险。

二、绿色债券

绿色债券是指将所得资金专门用于资助符合规定条件的绿色项目或为这些项目进行再融资的债券工具。根据非营利组织气候债券倡议组织(CBI)统计,截至2024年6月底,全球符合CBI标准的贴标绿色债券累计发行规模达到3.15万亿美元。我国完善与加快推进绿色债券发展主要有以下着力点。

(一)完善绿色债券的相关规章制度

研究完善各类绿色债券发行的相关业务指引、自律性规则,明确发行绿色债券筹集的资金专门(或主要)用于绿色项目。加强部门间协调,建立和完善我国统一的绿色债券界定标准,明确发行绿色债券的信息披露要求和监管安排等。支持符合条件的机构发行绿色债券和相关产品,提高核准(备案)效率。

(二)采取措施降低绿色债券的融资成本

支持地方和市场机构通过专业化的担保和增信机制支持绿色债券的发行,研究制定有助于降低绿色债券融资成本的其他措施。积极支持符合条件的绿色企业上市融资和再融资。在符合发行上市相应法律法规、政策的前提下,积极支持符合条件的绿色企业按照法定程序发行上市。支持已上市绿色企业通过增发等方式进行再融资。支持开发绿色债券指数、绿色股票指数以及相关产品。鼓励相关金融机构以绿色指数为基础开发公募、私募基金等绿色金融产品,满足投资者需要。

(三)逐步建立和完善信息披露制度

规范第三方认证机构对绿色债券评估的质量要求。鼓励机构投资者在进行投资决策时参考绿色评估报告。鼓励信用评级机构在信用评级过程中专门评估发行人的绿色信用记录、募投项目绿色程度、环境成本对发行人及债项信用等级的影响,并在信用评级报告中进行单独披露。逐步建立和完善上市公司和发债企业强制性环境信息披露制度。对属于环境保护部门公布的重点排污单位的上市公司,研究制定并严格执行对主要污染物达标排放情况、企业环保设施建设和运行情况以及重大环境事件的具体信息披露要求。加大对伪造环境信息的上市公司和发债企业的惩罚力度。培育第三方专业机构具备为上市公司和发债企业提供环境信息披露服务的能力。鼓励第三方专业机构参与采集、研究和发布企业环境信息与分析报告。

(四)引导各类机构投资者投资绿色金融产品

鼓励养老基金、保险资金等长期资金开展绿色投资,鼓励投资人发布绿色投资责任报告。提升机构投资者对所投资资产涉及的环境风险和碳排放的分析能力,就环境和气候因素对机构投资者(尤其是保险公司)的影响开展压力测试。

三、绿色保险

我国国家金融监督管理总局于2024年4月20日发布《关于推动绿色保险高质量发展的指导意见》(金规〔2024〕5号)指出,绿色保险是指保险业在环境资源保护与社会治理、绿色产业运行和绿色生活消费等方面提供风险保障和资金支持等经济行为的统称。

各保险机构要充分发挥保险资金长期投资优势,在风险可控、商业可持续的前提下,加大绿色债券配置,提高绿色产业投资力度;坚持资产负债匹配原则,积极运用保险资产管理产品等工具,加大对绿色、低碳、循环经济等领域金融支持力度,逐步提升绿色产业领域资产配置水平。保险机构要探索利用大数据、人工智能、云计算等前沿科技,有效识别、监测、防控绿色保险发展的环境、社会和治理风险,并将其纳入管理流程和全面风险管理体系。我国完善与加快推进绿色保险发展主要有以下着力点。

(一) 在环境高风险领域建立环境污染强制责任保险制度

按程序推动制定和修订环境污染强制责任保险相关法律或行政法规,由环境保护部门会同保险监管机构发布实施性规章。选择环境风险较高、环境污染事件较为集中的领域,将相关企业纳入应当投保环境污染强制责任保险的范围。鼓励保险机构发挥在环境风险防范方面的积极作用,对企业开展"环保体检",并将发现的环境风险隐患通报环境保护部门,为加强环境风险监管提供支持。完善环境损害鉴定评估程序和技术规范,指导保险公司加快定损和理赔进度,及时救济污染受害者,降低对环境的损害程度。

(二) 鼓励和支持保险机构创新绿色保险产品和服务

建立和完善与气候变化相关的巨灾保险制度。鼓励保险机构研发环保技术装备保险、针对低碳环保类消费品的产品质量安全责任保险、船舶污染损害责任保险、森林保险和农牧业灾害保险等产品。积极推动保险机构参与养殖业环境污染风险管理,建立农业保险理赔与病死牲畜无害化处理联动机制。

(三) 鼓励和支持保险机构参与环境风险治理体系建设

鼓励保险机构充分发挥防灾减灾功能,积极利用互联网等先进技术,研究建立面向环境污染责任保险投保主体的环境风险监控和预警机制,实时开展风险监测,定期开展风险评估,及时提示风险隐患,高效开展保险理赔。鼓励保险机构充分发挥风险管理专业优势,开展面向企业和社会公众的环境风险管理知识普及工作。

第三节 中国绿色金融的发展方向

2024年1月11日,《中共中央 国务院关于全面推进美丽中国建设的意见》提出,大力发展绿色金融,支持符合条件的企业发行绿色债券,引导各类金融机构和社会资本加大投入,探索区域性环保建设项目金融支持模式;稳步推进气候投融资创新,为美丽中国建设提供融资支持;全面推进美丽中国建设,加快发展方式绿色转型,进一步提升生态环境"红线""底线"治理效能;"先行先试"创新发展,推进"双碳"目标的实施;逐年编制国家温室气体清单,进一步加强碳核算基础制度建设。

一、优化绿色金融标准体系

(一) 推动金融系统逐步开展碳核算

建立健全金融机构碳核算方法和数据库,着力推动成熟的碳核算方法和成果在金融系统应用,制定出台统一的金融机构和金融业务碳核算标准,推动金融机构加强自身及其投融资相关业务碳排放数据的管理和统计。提升金融机构碳核算的规范性、权威性和透明度。鼓励金融机构和企业运用大数据、金融科技等技术手段为碳核算工作提供技术支撑。

(二)持续完善绿色金融标准体系

构建统一的绿色金融标准体系。持续优化我国绿色债券标准,统一绿色债券募集资金的用途、信息披露和监管要求,完善绿色债券评估认证标准。进一步优化绿色公司债券申报受理及审核注册"绿色通道"制度安排,提高企业发行绿色债券的便利度。研究制定《绿色债券支持项目目录》、低碳项目推荐性指引、绿色债券碳核算方法和披露标准,要求债券发行人核算并披露募集资金所支持项目的碳减排量和碳排放量。完善绿色债券统计工作,逐步构建可衡量碳减排效果的绿色金融统计体系,全面反映金融支持生态文明建设成效。进一步完善绿色信贷标准体系。建立健全绿色保险标准。研究制定绿色股票标准,统一绿色股票业务规则。适时推动温室气体分项核算、披露和统计工作。加快研究制定工业绿色发展指导目录,建设项目库,大力支持绿色技术创新。支持建立气候投融资项目库标准体系。加快研究制定转型金融标准,将符合条件的工业绿色发展项目等纳入支持范围,明确转型活动目录、披露要求、产品体系和激励机制等核心要素。

二、强化以信息披露为基础的约束机制

(一)推动金融机构和融资主体开展环境信息披露

分步分类探索建立覆盖不同类型金融机构的环境信息披露制度,推动相关上市公司、发债主体依法披露环境信息。制定并完善上市公司可持续发展信息披露指引,引导上市公司披露可持续发展信息。健全碳排放信息披露框架,鼓励金融机构披露高碳资产敞口和建立气候变化相关风险突发事件应急披露机制。建立定期披露绿色金融统计数据的制度。

(二)不断提高环境信息披露和评估质量

研究并完善金融机构环境信息披露指南。鼓励信用评级机构建立健全针对绿色金融产品的评级体系,支持信用评级机构将环境、社会和治理因素纳入信用评级方法与模型。推动重点排污单位、实施强制性清洁生产审核的企业、相关上市公司和发债企业依法披露环境信息、碳排放信息等,实现数据共享。发挥国家产融合作平台作用,建立工业绿色发展信息共享机制,推动跨部门、多维度、高价值绿色数据对接。

三、促进绿色金融产品和市场发展

(一)推进碳排放权交易市场建设

依据碳排放权交易市场(简称碳市场)相关政策法规和技术规范,开展碳排放权登记、交易、结算活动,加强碳排放核算、报告与核查。研究丰富与碳排放权挂钩的金融产品及交易方式,逐步扩大适合我国碳市场发展的交易主体范围。合理控制碳排放权配额发放总量,科学分配初始碳排放权配额。增强碳市场流动性,优化碳市场定价机制。

（二）加大绿色信贷支持力度

在依法合规、风险可控和商业可持续的前提下，鼓励金融机构利用绿色金融标准或转型金融标准，加大对能源、工业、交通、建筑等领域绿色发展和低碳转型的信贷支持力度，优化绿色信贷流程、产品和服务。探索采取市场化方式为境内主体境外融资提供增信服务，降低海外金融活动风险。加强供应链金融配套基础设施建设，推动绿色供应链创新与应用。

（三）进一步加大资本市场支持绿色低碳发展力度

支持符合条件的企业在境内外上市融资或再融资，募集资金用于绿色低碳项目建设运营。大力支持符合条件的企业、金融机构发行绿色债券和绿色资产支持证券。积极发展碳中和债和可持续发展挂钩债券。支持清洁能源等符合条件的基础设施项目发行不动产投资信托基金产品。支持地方政府将符合条件的生态环保等领域建设项目纳入地方政府债券支持范围。加强对生态环境导向的开发模式的金融支持，完善相关投融资模式。在依法合规、风险可控前提下，研究推进绿色资产管理产品发展。规范开展绿色债券、绿色股权投融资业务。鼓励境外机构发行绿色熊猫债，投资境内绿色债券。支持证券基金及相关投资行业开发绿色投资产品，更好履行环境、社会和治理责任。加大金融支持绿色低碳重大科技攻关和推广应用的力度，强化基础研究和前沿技术布局，加快先进适用技术研发和推广等。

（四）大力发展绿色保险和服务

完善气候变化相关重大风险的保险保障体系。为高风险客户提供防灾防损预警服务，及时排查风险隐患，降低理赔风险。发挥保险资金长期投资优势，鼓励保险资金按照商业化原则支持绿色产业和绿色项目，优化长期投资能力考评机制。鼓励保险机构研究建立企业碳排放水平与保险定价关联机制。推动发展新能源汽车保险。

（五）壮大绿色金融市场参与主体

推广可持续投资理念，吸引养老保险基金等长期机构投资者投资绿色金融产品。鼓励银行业金融机构建设绿色金融特色分支机构，将绿色金融发展纳入金融机构考核评价体系。鼓励有条件、有意愿的金融机构采纳或签署以绿色金融、可持续金融等为主题的国际原则或倡议。在交易账户设立、交易、登记、清算、结算、资金汇兑和跨境汇入汇出等环节，为境外投资者配置境内绿色金融资产提供便利化金融服务。涉及碳资产业务的，按照《巴黎协定》国内履约要求管理。

四、丰富绿色金融可持续发展

（一）碳市场

碳市场是国家实施积极应对气候变化战略和推动实现碳达峰碳中和目标的重要政策工具，也是碳定价的主体机制。为促进社会各界更好地了解全国碳市场发展情况，中国生态环境部组织编制了《全国碳市场发展报告（2024）》，并于2024年7月21日在武汉"中国碳市场大会2024"上正式发布。《全国碳市场发展报告（2024）》系统总结了全国碳排放权交易市场和全国温室气体自愿减排交易市场的最新建设进展,全方位展示了市场建设与运行工作成效,展望了全国碳市场未来发展方向,是继 2022 年《全国碳排放权交易市场第一个履约周期报告》之后,生态环境部发布的全国碳市场最新进展情况报告。我国完善与加快推进全国碳市场建设主要有以下着力点。

1. 发展各类碳金融产品

促进建立全国统一的碳排放权交易市场和有国际影响力的碳定价中心。有序发展碳远期、碳掉期、碳期权、碳租赁、碳债券、碳资产证券化和碳基金等碳金融产品和衍生工具,探索研究碳排放权期货交易。

2. 推动建立环境权益交易市场

在重点流域和大气污染防治重点领域,合理推进跨行政区域排污权交易,扩大排污权有偿使用和交易试点。加强排污权交易制度建设和政策创新,制定完善排污权核定和市场化价格形成机制,推动建立区域性及全国性排污权交易市场。建立和完善节能量(用能权)、水权交易市场。

3. 拓宽企业绿色融资渠道

发展基于碳排放权、排污权、节能量(用能权)等各类环境权益的融资工具,拓宽企业绿色融资渠道。在总结现有试点地区银行开展环境权益抵质押融资经验的基础上,确定抵质押物价值测算方法及抵质押率参考范围,完善市场化的环境权益定价机制,建立高效的抵质押登记及公示系统,探索环境权益回购等模式解决抵质押物处置问题,推动环境权益及其未来收益权切实成为合格抵质押物,进一步降低环境权益抵质押物业务办理的合规风险。发展环境权益回购、保理、托管等金融产品。

(二)转型金融

转型金融的概念由可持续金融演化而来,后者最早由欧盟在 2016 年提出。2019 年 3 月,经合组织正式提出转型金融的概念。2020 年 3 月,欧盟进一步将可持续金融中绿色金融和转型金融的概念进行区分,其中,转型金融被定义成"为应对气候变化影响,运用多样化金融工具对特别是传统碳密集型的经济活动或市场主体向低碳和零碳排放转型的金融支持"。在我国,转型金融有着更广泛的需求。目前中国人民银行正在组织制定钢铁、煤电、建筑建材以及农业四大领域的转型金融标准。由此可见,转型金融是在绿色金融无法满足高污染、高耗能产业的低碳发展的情况下而出现的新名词。二十国集团(G20)于 2022 年发布《G20 转型金融框架》,指导各成员落实转型金融。传统的绿色金融大部分支持的是"纯绿"或接近"纯绿"的经济活动,如新能源、电动车和电池等碳排放量较低的项目。而转型金融重点服务具有显著碳减排效益的产业和项目,为高排放或难以减排领域的低碳转型提供合理且必要的资金支持。转型金融工具包括债务类融资工具、股权类融资工具、保险和担保等风险缓释工具以及证券化产品等。我国完善与加快转型金融发展主要有以下着力点。

1. 完善标准体系,夯实绿色金融和转型金融发展基础

借鉴绿色金融标准制定的工作经验,逐步推出各类金融产品共同适用的转型金融标准。鼓励转型主体制定科学、合理、可行的转型计划,以确保在整体层面上实现降碳减排。同时,以转型金融标准制定为契机,调整更新现行绿色金融标准,让绿色金融更"绿",让转

型更全面、系统。逐步构建可衡量碳减排效果的金融统计体系,在此基础上进一步完善针对绿色金融和转型金融的激励约束机制。积极倡导全球转型金融议题,提升全球可持续金融标准的可比性与一致性。

2. 强化碳核算和环境信息披露要求

进一步健全企业碳核算体系,对标国际先进做法,研究建立金融机构碳核算方法学,推动制定国家标准。在成本可控的前提下,提高金融机构碳核算数据的一致性和可比性,建立部门间信息共享机制。进一步扩大环境信息披露主体范围,提高环境信息的可比性,强化对碳排放和碳减排等气候类信息的披露要求,分步实现金融机构环境信息强制披露。主动参与制定和试用全球可持续信息披露标准。

3. 完善激励约束机制,充分体现政策连续性

健全绿色低碳发展的货币政策支持。继续用好碳减排支持工具和支持煤炭清洁高效利用专项再贷款,支持经济绿色低碳转型。进一步提升绿色金融评价的有效性和针对性,完善指标体系,研究将绿色金融和转型金融业绩、气候相关金融风险、绿色机制建设、绿色金融和转型金融服务、气候环境效益等指标逐步纳入评价体系;将更多成熟的产品和业务纳入评价范围;拓展评价结果应用场景,将评价结果与绿色金融和转型金融支持政策挂钩。常态化开展气候风险压力测试。继续完善气候风险压力测试方法,丰富压力情景设置;组织更多金融机构和部分地区开展气候风险压力测试,探索将气候变化相关风险纳入监管框架;深入开展气候风险宏观情景压力测试。

4. 丰富金融产品和服务体系

大力发展转型金融产品和市场。根据转型主体、转型阶段、资金用途等不同,研究开发有针对性的转型金融产品,支持可持续发展挂钩债券发展,综合利用信贷、债券、股权投资、信托等多样化工具为转型活动提供金融支持。鼓励发展私募股权(PE)、风险投资(VC)、并购基金、债转股、夹层投资等风险包容性较大的金融产品。同时推广普及绿色投资理念,壮大绿色金融与转型金融市场参与主体,引导绿色投资者关注和支持转型经济活动。加快发展全国碳排放权交易市场。健全碳市场交易机制和交易规则,明确登记、交易、结算等各项制度。积极研究与碳排放权挂钩的各种金融产品。根据投资者适当性原则,有序扩大碳市场交易主体范围。合理控制碳排放权配额发放总量,科学分配初始碳排放权配额。增强碳市场流动性,优化碳市场定价机制。

巩固训练与提高

案例分析题

上海绿色金融服务平台绿色租赁专版上线

2024年8月,全国首个绿色租赁领域的上海绿色金融服务平台绿色租赁专版上线。该平台由数据集团下属的上海征信负责建设和运营,实现了上海市企业、政府公共数据、

市场化数据和金融数据的有效整合,破解了绿色信息不对称难题。首批合作中,申能租赁等5家融资租赁公司,对接浦发银行上海分行、上海农商银行等8家银行共同入驻该平台。首批合作涉及59个绿色租赁贷款项目,金额超过百亿元。绿色租赁专版的发布将进一步推动绿色金融领域的银租联动,通过多元化金融服务,更好地促进绿色低碳转型发展。绿色租赁专版上线后,将为上海绿色租赁的融资和投放提供绿色认定,将符合条件的项目纳入上海绿色项目库,引导有关政策和金融资源支持上海绿色租赁的高质量发展。绿色租赁专版的主要核心功能如下:①批量推荐项目功能。租赁公司可在该平台实现项目的一键导入、批量推荐,实现历史存量项目和后续新增项目的统一入库,助力绿色租赁项目与该平台的高效对接。②绿色租赁项目在线认定。该平台研发绿色租赁项目识别模型,经模型识别的项目将被自动纳入上海绿色项目库,解决了线下审核项目流程冗长、效率低下的问题。③推动银租绿色业务协同。上海绿色金融服务平台入驻银行可认领经平台认定的绿色租赁项目,经认领的绿色租赁项目将被纳入银行的项目库。后续将研究该平台如何针对租赁公司、银行提供数据统计、效益分析、信息披露等服务。④商业信息保密。该平台为租赁公司提供了项目信息保密功能,租赁公司可自主选择项目信息是否对社会公众公开,以满足租赁公司商业信息保护需求。

思考: 请查阅资料了解上海市绿色金融发展状况,结合案例分析绿色租赁在绿色金融领域的功能定位。

第五章 普惠金融

学习目标

(1) 了解普惠金融的概念、特点。
(2) 了解普惠金融发展现状。

能力目标

(1) 探讨普惠金融的影响因素。
(2) 分析普惠金融的衡量指标。
(3) 掌握资本市场服务普惠金融效能。

案例导入

丰富涉农产品　助力乡村振兴

延边黄牛凭借优良的品种及价值在全国已经形成地域品牌,延边州辖内黄牛养殖户不论是企业、合作社乃至个人犹如春笋一般迅速崛起。近年来,中国工商银行延边分行主动出击,积极发挥国有大行主力军作用,加大对涉农领域的金融支持力度,为当地涉农企业、农户提供优质的金融服务,推出区域化特色金融产品"畜牧 e 贷"。"畜牧 e 贷"备受当地农户的欢迎,养着92头黄牛的延边州敦化市农民赵先生表示,补充牛犊、购买饲料、扩充牛棚等一系列养殖方面的固定投入曾让他犯难。后来了解到"畜牧 e 贷",他在无法提供抵押物的情况下依据养黄牛头数获得了 100 万元授信。延边分行"畜牧 e 贷"投产以来,已为 23 户黄牛养殖户累计投放贷款 1 751 万元,为当地养殖户注入金融活水;同时在 2023 年三季度实现了"畜牧 e 贷"升级工程,将原有的一年期融资根据实际需求延长到了 3 年期,并实现了 128 万元的专项贷款投放。

讨论: 中国工商银行延边分行推出的"畜牧 e 贷"属于普惠金融产品吗?为什么?

第一节　普惠金融概述

20 世纪 90 年代以来,一些国家和地区频繁发生的金融危机,对全球经济、政治的发展以及社会稳定都产生了巨大冲击,这促使各国开始对金融发展和金融监管问题进行一系列的反思和探索。

联合国为了实现"消除贫困与饥饿"这一目标,在 2005 年 5 月国际劳工组织的"建设包容性金融部门"全球会议上提出普惠金融,直译为"包容性金融"。2005 年 9 月,联合国峰会提出,"通过微型金融和微型信贷对贫困者提供金融服务"。

一、普惠金融的定义

亚洲开发银行认为,普惠金融是指向穷人、低收入家庭及微型企业提供的各类金融服务,包括存款、贷款、支付、汇款及保险。

英国国会下议院财政委员会认为,普惠金融是指个人获得合适的金融产品和服务,这些金融产品或服务主要是指各类人群可负担的信贷和储蓄。

2005 年,联合国在推广"国际小额信贷年"时提出普惠金融是一个通过完善金融基础设施,以可负担的成本将金融服务扩展到欠发达地区和社会低收入人群,向他们提供价格合理、方便快捷的金融服务,不断提高金融服务可获得性的金融体系。该定义明确了普惠金融体系的四大目标:一是家庭和企业以合理的成本获取较广泛的金融服务,包括开户、存款、支付、信贷、保险等;二是稳健的金融机构,要求内控严密、接受市场监督以及健全的审慎监管;三是金融业实现可持续发展,确保长期提供金融服务;四是增强金融服务的竞争性,为消费者提供多样化的选择。

世界银行认为,普惠金融是指广泛获得金融服务且没有价格、非价格方面的障碍,其衡量指标是存款、信贷、支付、保险等金融服务的可获性。

印度普惠金融委员会认为,普惠金融是确保弱势群体和低收入阶层以低廉的成本获得金融服务和及时、足额的信贷。

世界银行扶贫咨询专家组认为,普惠金融是指所有符合劳动年龄的成年人,包括目前被金融所排斥的那些人,都能够从正规机构有效获得以下基本金融服务:信贷、储蓄、支付和保险。

普惠金融联盟(Alliance for Financial Inclusion,AFI)(截至 2014 年 6 月末,AFI 共有来自 90 多个国家的 119 个成员机构)的相关材料认为,普惠金融是将被金融体系排斥的人群纳入主流金融体系。

我国认为,普惠金融是指立足机会平等要求和商业可持续原则,通过加大政策引导扶持、加强金融体系建设、健全金融基础设施,以可负担的成本为有金融服务需求的社会各阶层和群体提供适当的、有效的金融服务,并确定农民、小微企业、城镇低收入人群和残疾人、老年人等其他特殊群体为普惠金融服务对象。

二、普惠金融的特点

(一)可得性

可得性是普惠金融最基本的特征,即提供的金融服务适合客户的实际情况,客户能够获得正向价值,主要包含两个方面:一是指普惠金融的服务通道畅通且服务效率高,在客观上是指金融网点或金融产品在地域和空间上的覆盖密度;在主观上,是指相关金融服务在总人口（或成年人）中的获得比率。二是指这些服务产品或服务通道不得违法。

（二）可负担

可负担是普惠金融的定价指标，即金融服务或金融产品的价格的合理性，主要包含两个方面：一要具有一定的消费者剩余，即让消费者感觉价格优惠，普惠金融产品和服务的定价合适，不存在价格排斥和歧视，让有金融服务需求的消费者可以承担和接受；二要具有一定的生产者剩余，即让金融机构成本可负担、商业可持续或让第三方服务机构有持续经营的能力。

（三）便利性

便利性是指在具有可得性的前提下，客户能够便捷地获得金融服务，主要包含三个方面：一是客户获得金融服务的时间成本低，乃至不受时间的限制。二是客户获得金融服务的空间成本低，最好是不受地域限制。三是金融交易成本低，客户支付极低或零中介费和手续费。

（四）安全性

安全性是指在具有可得性的前提下，普惠金融的风险可控，主要包含三个方面：一是相关金融服务的合法性。二是金融账户和托管资金的安全指数。三是发生纠纷时，对金融消费者正当权益的保护力度。

（五）全面性

全面性是指在存、取、贷、汇、保险等基本金融服务可得的前提下，普惠金融能为客户提供多样性的服务，包括投融资、理财、担保、支付、结算以及征信、金融教育、权益保护等全方位的个人服务和公共服务体系。

三、普惠金融的衡量指标

（一）世界银行的全球普惠金融指数核心指标

全球普惠金融指数核心指标主要包括全球普惠金融调查和企业调查。

全球普惠金融调查是在世界范围内通过盖洛普全球调查开展的抽样问卷调查，从2011年开始，每三年一次，从需求端评估普惠金融活动。在2014年的调查中，世界银行对144个国家和地区的15万名15岁以上的调查对象进行了面对面访谈或电话访谈，按银行账户使用情况、储蓄、借款、支付和应急基金等五大类形成了474个普惠金融指标。其中，银行账户使用情况类细分为银行账户、借记卡、贷记卡、手机账户、存取情况、存取途径等；储蓄类细分为储蓄机构、储蓄目的等；借款类细分为借款余额、借款机构、借款目的等；支付类细分为支付手段、支付用途、收款方式、收款来源、侨汇等；应急基金类细分为筹集应急基金的可能性和应急基金的资金来源，另有一部分指标按性别、收入、年龄段、教育水平和农村地区开展进一步细分。

企业调查从2005年开始，主要针对中小企业的生产经营状况，采取问卷调查的形式，从需求端采集数据，按设立、金融、经营和劳动力等分为12大类，共121个指标。其中，金融类共有15个指标，涉及中小企业账户、信贷、理财和运营资金调配等方面。

（二）国际货币基金组织金融可获得性调查指标

国际货币基金组织（IMF）在普惠金融方面主要开展了金融服务可获得性调查（Financial Access Survey，FAS）。该调查从1995年开始，针对各国金融服务提供和使用情况，从供给端评估普惠金融。其数据来源于中央银行、监管部门和相关统计机构。FAS指标体系按综合指标、金融服务可获得性、金融服务使用情况形成242个指标，为G20普惠指标体系中7项指标的指定数据库，并展示了15个指标数据。其中，综合类指标包括人口数、存款需求、国土面积和GDP等；金融服务可获得性类指标细分为金融机构、金融机构分支机构、ATM和移动货币代理网点的总数、单位面积数和人均数；金融服务使用情况类指标分为储蓄、贷款、保险和移动货币的人数、账户数、余额等。目前调查覆盖了世界189个国家和地区。

（三）G20集团全球普惠金融合作伙伴组织的普惠金融指标

G20集团全球普惠金融合作伙伴组织（GPFI）的普惠金融指标体系（简称G20普惠金融指标体系），旨在通过评估、比较各国政策效果，引导全球普惠金融的发展。该指标体系公布后，在督促政府主动作为，推进全球各类普惠金融数据库的快速发展方面起到了较大的推动作用。

G20普惠金融指标体系按照金融服务的使用情况、可获得性和质量三个维度制定了29项指标。其中，金融服务的使用情况共14项指标，包括成年人在正规金融机构账户、存款、贷款和保险的保有量，使用非现金交易、移动设备支付、侨汇、高频账户使用和储蓄倾向等，还包括中小企业在正规金融机构账户、存款、未偿贷款等；金融服务可得性共6项指标，包括服务网点数量、电子资金账户数量和服务网点互通情况等；金融服务的质量共9项指标，包括金融知识、金融行为、信息披露要求、纠纷解决机制、使用成本和贷款障碍等。

目前，G20普惠金融指标体系覆盖了世界194个国家和地区。

（四）经合组织普惠金融指标体系

目前，经合组织涉及普惠金融的调查共有三项，分别为国际金融教育调查（International Network on Financial Education Survey，INFE）、中小企业计分板（SME Scoreboard）和国际学生评估项目（Programme for International Student Assessment，PISA）。

国际金融教育调查面向18岁以上的成年人，采用问卷调查的形式（30个问题，约20分钟），从需求端评估金融知识、金融态度和金融行为等，目的是发掘大众的金融知识需求，以指导相关金融教育项目的制定。其中，金融知识主要指对部分金融名词的认知，金融态度主要指提前消费、对金钱的认知等消费观，金融行为包括消费决定、按时支付账单、长期金融规划、了解金融时事、家庭预算、主动储蓄和投资、金融产品信息收集、分析与决策等。

中小企业计分板主要调查中小企业贷款保有情况、贷款种类、贷款条件、贷款使用和违约情况、贷款利率及差异情况、抵押情况、风投基金情况、付款延期情况和破产情况等相关内容。其中"在最近的银行贷款中，需要抵押物的中小企业比例"指标已被G20普惠金融指标体系收录。

国际学生评估项目的对象是 15 岁的学生,调查从 2000 年开始。其中的金融教育调查始于 2012 年,采用网络平台问卷调查形式,对金融教学综合情况、学生金融知识教育及其与学生背景的关联性,以及学生的金融经验、观念和行为等方面的情况进行评估。

第二节　普惠金融的发展状况

一、普惠金融的产生与发展

(一)小额信贷的产生

自 15 世纪开始,意大利一些慈善机构人员为贫困人员提供小额信贷业务,这种金融模式从某种角度阻碍了当地高利贷的进一步发展。

18 世纪 20 年代,爱尔兰的"货款基金"利用捐赠得到的财务,向贫困农户提供无抵押的零息小额贷款,后由慈善机构转变成金融中介机构,并成立专门负责监督和管制的机构。到 1840 年,爱尔兰共发展出约 300 家自立的可持续的机构,吸收存款,并向穷人发放小额贷款。受益于利润和存款的不断增长,鼎盛时期这些机构覆盖了 20% 的爱尔兰家庭。

18 世纪,德国社区银行开始盛行。自第一个储蓄协会在汉堡成立,首家公共储蓄基金再次被设立。银行用发放贷款的方式让人们的收入水平提高,而后人们又将多余的款项放在银行里面进行存储,此种存款在低收入群体和金融机构之间的流动往复,有效地帮助了更多的人获得金融方面上的帮助。小额信贷凭借公益性和合理性的特性,慢慢替代高利贷,在一定程度上补全了银行金融服务的不足。

19 世纪开始,欧洲国家、日本等政府借助邮政系统和邮政金融服务扩大边远农村地区的小额储蓄和支付服务。

20 世纪 70 年,现代小额信贷在孟加拉国、巴西及其他一些国家开始出现。小额信贷最初实行小组贷款模式,小组成员之间负有连带担保责任。早期的例子是穆罕默德·尤纳斯教授在孟加拉国开始的小额信贷扶贫实验,并创办了乡村银行。此外还有拉丁美洲的 ACCION 国际组织和印度的自我就业妇女协会银行。这些金融机构直到今天仍然发展得很好,他们的成功也刺激无数金融机构纷纷效仿。

20 世纪 80 年代,全球小额信贷项目在早期方法论的基础上得到进一步发展,打破了传统意义上扶贫融资的概念。首先,运作良好的扶贫项目显示了穷人特别是妇女的还贷信誉比那些较富裕并从商业银行进行贷款的人更好;其次,许多实践表明,贫困人口愿意也有能力负担小额信贷机构征收的覆盖其运营成本的利率。小额信贷机构如果能够实现盈亏平衡,就能保证自身的可持续发展,并能进一步吸收存款、商业贷款及投资基金,而且直接向大量贫困人口提供服务。

(二)微型金融的产生

从 20 世纪 90 年代开始,国际上掀起了一股减贫的热潮,越来越多的机构开始认识到,单一地提供贷款是远远不够的。同富裕人群一样,贫困人群也需要全面的、多层次的金融服务,除小额贷款之外的其他金融服务对于低收入人口至少具有同等的重要性。在这种认识的促使下,国际范围内小额信贷的发展,逐步从传统"小额贷款"向为低收入客户提供全面金融服务的"微型金融"过渡。微型金融是指为贫困人口提供的一系列包括借贷、储蓄、保险以及转账在内的金融服务。

2002年的世界发展筹资会议上,各国首脑达成蒙特雷共识,明确提出"为了加强金融部门的社会和经济影响,必须……推进小额贷款和向中小企业的贷款,还需要建立全国性的储蓄机构。""发展银行、商业银行以及其他金融机构,无论是独自还是合作,都能够有效地帮助这些企业获得金融服务(包括融资)和金融产品。"

(三)普惠金融的产生

随着人们生活水平的不断提高,高标准的微型金融满足不了人们的需求。慈善机构、政府、非营利组织、商业组织等利益群体加入该领域,导致金融服务被过度提供,从而出现微型金融危机,如2008年的次债危机、2010年印度安德拉邦微型金融泡沫中的穷人债务危机。进入21世纪,微型金融最终被普惠金融代替。2005年,普惠金融的相关概念开始出现,这一概念的出现不仅是金融服务的延伸,而且对改善低收入群体更有着非凡的意义。金融服务因金融机构的不同而异,金融机构也很好地利用自身具备的长处来发展普惠金融。

小额贷款和微型金融持续地进行双向发展的结果产出的是普惠金融,该金融模式具有一定的理论性和进步性。一是普惠金融不是一种边缘化的服务,而是国家规定范围内的一种经济体系。二是普惠金融具有很强的商业性,提供服务的金融机构不是慈善机构。三是普惠金融客户的需求是全方位的金融服务,服务内容主要有储蓄、支付、理财、贷款融资等。四是普惠金融的目标是持续健康地向前发展,打破阶层差异,做到公平化金融服务,为低收入的人们提供各种金融服务。五是普惠金融最重要的核心是创新,在保证产品和服务质量的前提下尽可能地控制成本。六是普惠金融需要动员全社会人民共同参与,同时也需要得到政府相关政策的支持。

二、我国普惠金融的发展状况

2013年,国务院办公厅发布《关于金融支持经济结构调整和转型升级的指导意见》等重要文件,作出具体部署;原银监会提出了针对小企业和农村贷款的"两个不低于"(对于小企业信贷投放,增速不低于全部贷款增速,增量不低于上年)目标。

2013年11月12日,党的十八届三中全会通过《中共中央关于全面深化改革若干重大问题的决定》,正式提出发展普惠金融,鼓励金融创新,丰富金融市场层次和产品。

2015年12月,国务院印发《推进普惠金融发展规划(2016—2020年)》,全面阐述推进我国普惠金融发展的总体思路和实施意见。

十余年来,国家为大力推进普惠金融发展重点采取了以下措施:一是构建多层次供给格局。指导大中型银行设立普惠金融事业部,建立单列信贷计划、内部资源倾斜、差异化绩效考核、尽职免责等专营机制。指导地方法人银行结合自身定位,强化普惠金融战略导向,利用人缘、地缘优势,着力服务当地小微、"三农"客户。支持政策性银行开展普惠金融重点领域转贷款业务合作。鼓励保险公司开展农业保险、低收入群体人身保险等保险业务。二是持续优化产品服务。鼓励金融机构聚焦小微企业、涉农主体、个体工商户等金融需求,积极利用科技手段,深度挖掘内外部数据信息资源,改进业务审批技术和风险管理模型,研发专属产品,合理降低服务成本,触达更多长尾客户。三是丰富融资增信手段。开展"银税互动""银商合作",指导银行将公共信用信息用于信贷流程。依托全国信用信息共享平台开展"信易贷"工作,归集整合中小微企业信用信息,强化融资场景应用。积极推进农村信用信息体系建设。构建政府性融资担保体系,设立国家融资担保基金,建立农业信贷担保体系。四是完善政策制度。出台存款准备金优惠、定向降准、贷款利息税收优惠、中央财政补贴等政策。构建监管评价长效机制,实施商业银行小微企业金融服务监管评价和金融机构乡村振兴考核评估。不断弥补制度短板,从法律层面明确政府部门和市场机构促进中小微企业融资、服务乡村振兴等职责,颁布实施融资担保公司监督管理条例等行政法规。

截至2023年12月末,全国普惠型小微贷款余额29.4万亿元,较年初增长23.5%,全年增加5.61万亿元,同比多增1.03万亿元。2023年新发放的普惠型小微企业贷款平均利率4.78%,较2022年下降0.47个百分点,有力支持了小微企业发展。截至2023年10月底,全国银行机构网点覆盖97.9%的乡镇,互联网、云计算、大数据等现代信息技术手段提高了普惠金融服务的渗透率,基本实现了乡乡有机构、村村有服务、家家有账户。近5年来,期货行业累计开展"保险+期货"项目5 253个,累计承保现货价值1 334.6亿元,覆盖31个省份的1 220县(市),惠及530多万农户、3 006个农业合作社、1 433个家庭农场、2 325个农业企业,实现赔付42.5亿元。

三、数字普惠金融发展现状

(一)数字普惠金融体系日益健全

国家政策大力支持数字普惠金融发展,监管体系日益健全。2022年,中国人民银行发布《金融科技发展规划(2022—2025年)》,提出要为人民群众提供更加普惠、绿色、人性化的数字金融服务。2023年10月,国务院印发《关于推进普惠金融高质量发展的实施意见》,强调要提升普惠金融科技水平,打造健康的数字普惠金融生态,进一步加强数字普惠金融监管体系建设,并将数字普惠金融全面纳入监管。数字普惠金融体系日益健全。

(二)数字普惠金融快速发展

一是稳步构建数字信用体系,为数字普惠金融提供有力支撑。数字信用体系是数字普惠金融的核心和基础,为解决传统普惠金融发展中的"信用不足"问题提供了全新思路。数字信用体系的建设涵盖国际与国家、行业企业以及个人三个层面,形成了服务生态,为普及金融服务提供了关键支持。二是消费者保护与教育体系不断完善,助力普惠金融快速发展。我国通过法律法规和监管机构的制度建设,全面规范了金融消费者权益,并在小微企业金融知识普及方面取得显著成果。这一体系的不断完善,为数字普惠金融提供了牢固的社会经济基础,推动金融服务更广泛、更普及地覆盖社会各层面,助力数字普惠金融的深入发展。三是新兴技术助力数字普惠金融蓬勃发展。区块链、人工智能和大数据分析等技术的广泛应用不仅提高了普惠金融服务效率,也为更广泛的群体提供了更为灵活和创新的金融解决方案。

(三) 数字普惠金融不断探索实践新模式

一是数字普惠金融不断注入新动能。中国金融科技水平在全球范围内持续保持领先地位,市场规模逐步扩大。中国金融科技的发展有力支撑数字普惠金融扩张。例如,移动互联技术的兴起打破传统金融服务模式,手机银行、线上贷款和即时支付等应用为普惠金融注入了新活力。二是金融服务正在不断探索和实践新的模式和途径。随着科技的不断进步,金融服务已经不再局限于传统的银行渠道模式,而是积极借助前沿科技手段,不断开辟创新路径。例如,数字人民币的试点和推广,不仅加速了金融服务的数字化转型,也为普惠金融提供了新的可能性和平台。

第三节　提升中国普惠金融发展质效

一、优化普惠金融重点领域产品服务

(一) 支持小微经营主体可持续发展

鼓励金融机构开发符合小微企业、个体工商户生产经营特点和发展需求的产品和服务,加大首贷、续贷、信用贷、中长期贷款投放。建立完善金融服务小微企业科技创新的专业化机制,加大对专精特新、战略性新兴产业小微企业的支持力度。优化制造业小微企业金融服务,加强对设备更新和技术改造的资金支持。强化对流通领域小微企业的金融支持。规范发展小微企业供应链票据、应收账款、存货、仓单和订单融资等业务。拓展小微企业知识产权质押融资服务。鼓励开展贸易融资、出口信用保险业务,加大对小微外贸企业的支持力度。

(二) 助力乡村振兴国家战略有效实施

健全农村金融服务体系。做好过渡期内脱贫人口小额信贷工作,加大对国家乡村振兴重点帮扶县的信贷投放和保险保障力度,助力增强脱贫地区和脱贫群众内生发展动力。加强对乡村产业发展、文化繁荣、生态保护、城乡融合等领域的金融支持。提高对农户、返乡入乡群体、新型农业经营主体的金融服务水平,有效满足农业转移人口等新市民的金融需求,持续增加首贷户。加大对粮食生产各个环节、各类主体的金融保障力度。强化对农业农村基础设施建设的中长期信贷支持。拓宽涉农主体融资渠道,稳妥推广农村承包土地经营权、集体经营性建设用地使用权和林权抵押贷款。积极探索开展禽畜活体、养殖圈舍、农机具、大棚设施等涉农资产抵押贷款。发展农业供应链金融,重点支持县域优势特色产业。

(三) 提升民生领域金融服务质量

改革完善社会领域投融资体制,加快推进社会事业补短板。落实好创业担保贷款政策,提升贷款便利度。推动妇女创业贷款扩面增量。支持金融机构在依法合规、风险可控前提下,丰富大学生助学、创业等金融产品。完善适老、友好的金融产品和服务,加强对养

老服务、医疗卫生服务产业和项目的金融支持。支持具有养老属性的储蓄、理财、保险、基金等产品发展。鼓励信托公司开发养老领域信托产品。注重加强对老年人、残疾人的人工服务、远程服务、上门服务，完善无障碍服务设施，提高特殊群体享受金融服务的便利性。积极围绕适老化、无障碍金融服务以及生僻字处理等制定实施金融标准。

（四）发挥普惠金融支持绿色低碳发展作用

在普惠金融重点领域服务中融入绿色低碳发展目标。引导金融机构为小微企业、农业企业、农户技术升级改造和污染治理等生产经营方式的绿色转型提供支持。探索开发符合小微企业经营特点的绿色金融产品，促进绿色生态农业发展、农业资源综合开发和农村生态环境治理。支持农业散煤治理等绿色生产，支持低碳农房建设及改造、清洁炊具和卫浴、新能源交通工具、清洁取暖改造等农村绿色消费，支持绿色智能家电下乡和以旧换新，推动城乡居民生活方式绿色转型。丰富绿色保险服务体系。

二、健全多层次普惠金融机构组织体系

（一）引导各类银行机构坚守定位、良性竞争

推动各类银行机构建立健全敢贷、愿贷、能贷、会贷的长效机制。引导大型银行、股份制银行进一步做深做实支持小微经营主体和乡村振兴的考核激励、资源倾斜等内部机制，完善分支机构普惠金融服务机制。推动地方法人银行坚持服务当地定位、聚焦支农支小，完善专业化的普惠金融经营机制，提升治理能力，改进服务方式。优化政策性、开发性银行普惠金融领域转贷款业务模式，提升精细化管理水平，探索合作银行风险共担机制，立足职能定位稳妥开展小微企业等直贷业务。

（二）发挥其他各类机构补充作用

发挥小额贷款公司灵活、便捷、小额、分散的优势，突出消费金融公司专业化、特色化服务功能，提升普惠金融服务效能。引导融资担保机构扩大支农支小业务规模，规范收费，降低门槛。支持金融租赁、融资租赁公司助力小微企业、涉农企业盘活设备资产，推动实现创新升级。引导商业保理公司、典当行等地方金融组织专注主业，更好服务普惠金融重点领域。

三、完善高质量普惠保险体系

（一）建设农业保险高质量服务体系

推动农业保险"扩面、增品、提标"。扩大稻谷、小麦、玉米三大粮食作物完全成本保险和种植收入保险实施范围。落实中央财政奖补政策，鼓励因地制宜发展地方优势特色农产品保险。探索发展收入保险、气象指数保险等新型险种。推进农业保险承保理赔电子化试点，优化农业保险承保理赔业务制度，进一步提高承保理赔服务效率。发挥农业保险在防灾减灾、灾后理赔中的作用。

（二）发挥普惠型人身保险保障民生作用

积极发展面向老年人、农民、新市民、低收入人口、残疾人等群体的普惠型人身保险业

务,扩大覆盖面。完善商业保险机构承办城乡居民大病保险运行机制,提升服务能力。积极发展商业医疗保险。鼓励发展面向县域居民的健康险业务,扩大县域地区覆盖范围,拓展保障内容。支持商业保险公司因地制宜发展面向农户的意外险、定期寿险业务,提高农户抵御风险能力。

(三)支持保险服务多样化养老需求

鼓励保险公司开发各类商业养老保险产品,有效对接企业(职业)年金、第三支柱养老保险参加人和其他金融产品消费者的长期领取需求。探索开发各类投保简单、交费灵活、收益稳健、收益形式多样的商业养老年金保险产品。在风险有效隔离的基础上,支持保险公司以适当方式参与养老服务体系建设,探索实现长期护理、风险保障与机构养老、社区养老等服务有效衔接。

四、提升资本市场服务普惠金融效能

(一)拓宽经营主体直接融资渠道

健全资本市场功能,完善多层次资本市场差异化制度安排,适应各发展阶段、各类型小微企业特别是科技型企业融资需求,提高直接融资比重。优化新三板融资机制和并购重组机制,提升服务小微企业效能。完善区域性股权市场制度和业务试点,拓宽小微企业融资渠道。完善私募股权和创业投资基金"募投管退"机制,鼓励投早、投小、投科技、投农业。发挥好国家中小企业发展基金等政府投资基金作用,引导创业投资机构加大对种子期、初创期成长型小微企业支持。鼓励企业发行创新创业专项债务融资工具。优化小微企业和"三农"、科技创新等领域公司债发行和资金流向监测机制,切实降低融资成本。

(二)丰富资本市场服务涉农主体方式

支持符合条件的涉农企业、欠发达地区和民族地区企业利用多层次资本市场直接融资和并购重组。对脱贫地区企业在一定时期内延续适用首发上市优惠政策,探索支持政策与股票发行注册制改革相衔接。优化"保险+期货",支持农产品期货期权产品开发,更好满足涉农经营主体的价格发现和风险管理需求。

(三)满足居民多元化资产管理需求

丰富基金产品类型,满足居民日益增长的资产管理需求特别是权益投资需求。构建类别齐全、策略丰富、层次清晰的理财产品和服务体系,拓宽居民财产性收入渠道。建设公募基金账户份额信息统一查询平台,便利投资者集中查询基金投资信息。

五、有序推进数字普惠金融发展

(一)提升普惠金融科技水平

强化科技赋能普惠金融,支持金融机构深化运用互联网、大数据、人工智能、区块链等科技手段,优化普惠金融服务模式,改进授信审批和风险管理模型,提升小微企业、个体工商户、涉农主体等金融服务可得性和质量。推动互联网保险规范发展,增强线上承保理赔能力,通过数字化、智能化经营提升保险服务水平。稳妥有序探索区域性股权市场区块链建设试点,提升服务效能和安全管理水平。

(二)打造健康的数字普惠金融生态

支持金融机构依托数字化渠道对接线上场景,紧贴小微企业和"三农"、民生等领域提供高质量普惠金融服务。在确保数据安全的前提下,鼓励金融机构探索与小微企业、核心企业、物流仓储等供应链各方规范开展信息协同,提高供应链金融服务普惠金融重点群体效率。鼓励将数字政务、智慧政务与数字普惠金融有机结合,促进与日常生活密切相关的金融服务更加便利,同时保障人民群众日常现金使用。稳妥推进数字人民币研发试点。有效发挥数字普惠金融领域行业自律作用。

(三)健全数字普惠金融监管体系

将数字普惠金融全面纳入监管,坚持数字化业务发展在审慎监管前提下进行。规范基础金融服务平台发展,加强反垄断和反不正当竞争,依法规范和引导资本健康发展。提升数字普惠金融监管能力,建立健全风险监测、防范和处置机制。严肃查处非法处理公民信息等违法犯罪活动。积极发挥金融科技监管试点机制作用,提升智慧监管水平。加快推进互联网法院和金融法院建设,为普惠金融领域纠纷化解提供司法保障。

六、着力防范化解重点领域金融风险

(一)加快中小银行改革化险

坚持早识别、早预警、早发现、早处置,建立健全风险预警响应机制,强化城商行、农商行、农信社、村镇银行等风险监测。以省为单位制定中小银行改革化险方案。以转变省联社职责为重点,加快推进农信社改革。按照市场化、法治化原则,稳步推动村镇银行结构性重组。加大力度处置不良资产,推动不良贷款处置支持政策尽快落地见效,多渠道补充中小银行资本。严格限制和规范中小银行跨区域经营行为。压实金融机构及其股东主体责任,压实地方政府、金融监管、行业主管等各方责任。构建高风险机构常态化风险处置机制,探索分级分类处置模式,有效发挥存款保险基金、金融稳定保障基金作用。

(二)完善中小银行治理机制

推动党的领导和公司治理深度融合,构建符合中小银行实际、简明实用的公司治理架构,建立健全审慎合规经营、严格资本管理和激励约束机制。强化股权管理,加强穿透审查,严肃查处虚假出资、循环注资等违法违规行为。严格约束大股东行为,严禁违规关联交易。积极培育职业经理人市场,完善高管遴选机制,以公开透明和市场化方式选聘中小银行董事、监事和高管人员,提升高管人员的专业素养和专业能力。健全中小银行违法违规的市场惩戒机制。压实村镇银行主发起行责任,提高持股比例,强化履职意愿,做好支持、服务和监督,建立主发起行主导的职责清晰的治理结构。完善涉及中小银行行政监管与刑事司法双向衔接工作机制。

(三)坚决打击非法金融活动

依法将各类金融活动全部纳入监管。坚决取缔非法金融机构,严肃查处非法金融业务。严厉打击以普惠金融名义开展的违法犯罪活动,切实维护金融市场秩序和社会大局稳定。健全非法金融活动监测预警体系,提高早防早治、精准处置能力。强化事前防范、事中监管、事后处置的全链条工作机制,加快形成防打结合、综合施策、齐抓共管、标本兼治的系统治理格局。

巩固训练与提高

案例分析题

浙江泰隆银行通过社区化升级应对"市场之变"

在银行争先恐后做小微市场的当下,小微市场面临竞争加剧、空间压缩、利差收窄等一系列挑战,看似已经从"蓝海"转为"红海"。中小银行要如何破局,中央金融工作会议(2023年10月)已经指明"立足当地开展特色化经营"的方向。泰隆银行以社区化为抓手,立足本地、深耕社区,为社区内各类客群提供特色化、差异化的综合服务。社区化是泰隆银行商业模式的核心,指以银行物理网点为中心,在一定服务半径范围内,对辖内区域进行网格化管理,提供"定点、定人、定时"服务,通过针对性营销,标准化流程,相对批量化作业,实现信息对称、降成本、控风险、强体验。面对"市场之变",泰隆银行从三个方面升级社区化商业模式。一是做"深"。泰隆银行实行"1客户经理对应1社区",通过"跑街+跑数"的作业模式,定位客户来源。其中,"跑街"是指充分发挥泰隆银行近6 000人"地推部队"的优势,客户经理走街串巷、深入田间地头,用脚丈量社区,深耕社区"责任田",通过与客户做朋友,全面掌握客户信息,实现信息对称。"跑数"是指运用大数据,帮助客户经理定位客户。泰隆银行强化政银合作,导入政府、监管等外部数据,打造"普惠小微地图",让客户经理对社区里的情况了然于胸。社区化作业的方式避免了客户经理"舍近求远""挑肥拣瘦""蜻蜓点水"式作业带来的成本高、效率低、风险大、客户黏性差等一系列问题,更重要的是,"跑街+跑数"的作业模式实现了社区内客户"软信息"和"硬数据"的有机结合、长期积累,客户经理得以对社区内各类企业、人群的情况如数家珍,能够基于不同客群的差异化需求进行及时响应,提供个性化服务。

思考:请查阅资料了解浙江泰隆银行开展普惠金融业务的状况,结合案例分析社区化作业如何有效应对"小微市场之变"。

第六章　养老金融

学习目标

(1) 了解我国老龄化的现状及问题。
(2) 理解养老金融的概念及特征。
(3) 掌握"三支柱"养老保险制度框架。

能力目标

(1) 熟悉养老金资产管理策略。
(2) 洞察非制度化养老财富积累和养老财富消费的优化路径。
(3) 分析养老产业融资与投资渠道。

案例导入

牢记金融为民初心，践行银行社会责任

作为服务逾 500 万名老年客户的国资金融机构，上海银行一直将"银发族"作为服务重点。经过不懈努力，截至 2023 年年末，其上海地区敬老服务及敬老服务特色网点达到 55 家。上海银行大力推动营业网点适老服务环境、服务流程、机具服务功能优化，银行的服务环境更"暖"了，大力改造高客流的老旧网点，配置爱心座椅、老花镜、轮椅、急救药箱、无障碍坡道等助老便民设施；服务流程更"畅"了，设置爱心窗口或绿色通道，面向高龄老人推出"4 个主动"优先服务流程，减少等候时间；机具使用更"易"了，推进机具更新并完善管理机制，推出大号字体、大号按钮、语音播报等专属功能。同时，上海银行手机银行 8.0 在"小屏幕"上寄托"大关怀"，向老年用户推出大字版，并上线"云网点"服务。2023 年，"云网点"年累计服务客户逾 25 万人次，60 岁以上老年客户呼入量较去年同期增长 1.5 倍。

讨论：上海银行为何将"银发族"作为服务重点？

第一节　养老金融概述

一、我国老龄化的现状及问题

党的二十届三中全会正式通过的《中共中央关于进一步全面深化改革、推进中国式现代化的决定》第 46 条"健全人口发展支持和服务体系"中提出,积极应对人口老龄化,完善发展养老事业和养老产业政策机制。按照自愿、弹性原则,稳妥有序推进渐进式延迟法定退休年龄改革。首次将"自愿、弹性"列为延迟法定退休年龄的基本原则。其中折射出的是我国当前面临的老龄化问题的严峻性。

第七次全国人口普查数据显示,我国 60 岁及以上人口为 2.640 2 亿人,占总人口比重 18.70%,与 2010 年相比上升 5.44 个百分点。从中长期来看,根据联合国《世界人口展望 2022》预测数据显示,到 2035 年,我国 60 岁及以上老年人口的总量将达 4.24 亿人,在总人口中的占比进一步提升至 30.3%。

从养老供给方面来看,尽管中央及各地政府已在积极探索因地制宜的养老新模式,但养老行业仍然在财力、人力等方面存在较大缺口。据统计,2000—2017 年,经合组织国家的养老金支出总额平均每年增长 GDP 的 1.5%,老龄化带来的养老财政不可持续是各国延迟退休改革的重要原因。根据中国社科院《中国养老金精算报告 2019—2050》预测,养老金收不抵支出现在 2028 年,到 2035 年将耗尽累计结余。社会保障基金作为第一支柱的补充,在社保缴费入不敷出的情况下,2020 年首次调动 500 亿元弥补基本养老基金的缺口。我国养老金缺口在未来一段时间内会越来越大。

从经济发展方面来看,老龄化趋势对经济的影响不可忽视,主要表现为消费增速下降,消费结构趋于"老化",储蓄率的增加效应减弱,投资风险偏好下降,资产配置倾向保本保收益,社会整体风险投资偏好和活力也将下降。过去我国依靠庞大且年轻的人口红利和高储蓄投资率带来的高资本投入,支撑改革开放后经济的快速增长,并快速成长为世界第二大经济体,但随着我国逐渐进入老龄化,人口红利快速萎缩,制约潜在经济增速。

二、养老金融的定义

随着人口老龄化的加速,银发经济作为新兴的经济增长点,正逐渐释放出其巨大的潜力和价值。通过发展与现阶段老龄化趋势相适应的养老金融,可以实现养老金融与老龄化趋势的同步,利用金融对经济的支持作用,补足经济总量的缺失短板,甚至发掘新的协调可持续的经济增长点,最终解决我国老龄化导致的社会问题,并实现产业结构转型升级。

具体来说,养老金融凭借其可预期的巨大规模体量,一方面可以改善劳动市场,加速劳动群体向第三产业转移,促进转型对经济的拉动;另一方面可以改善消费市场,增加全年龄阶段的有效供给,促进消费对经济的推动,两者共同发力,最终有效解决老龄化趋势下经济增长乏力问题。

养老金融是指围绕着社会成员的各种养老需求所进行的金融活动的总和,包括养老金金融、养老服务金融、养老产业金融三部分。养老金融的核心在于满足老年群体的养老需求,同时也关注资金的保值增值和社会的稳定性。

三、养老金融的特征

（一）养老金融的普惠性

养老金融服务追求更广泛地覆盖人群，通过设置合理的费用结构和投资门槛，使更多人享受到养老金融服务。养老金融以满足养老需求为目标，其发展事关国家老龄化问题的解决和社会稳定，因此必须担负起更多社会责任，既要让社会各阶层、各年龄层的群体都享受到基本的养老保障，又要通过有效手段配置老年群体资产，增加老年群体收入，因而养老金融具有普惠性。

（二）养老金融的长期性

养老金融的核心目标是确保老年人退休后的生活质量，因此具有长期性的特点。①金融机构需要为养老金融提供长期、稳定的资金来源和投资收益。②投资者需为未来养老需求做准备，因此养老金融产品以长期视角进行设计。③养老金融并非仅针对老龄人群，中青年群体也应当通过提前配置自己的养老金、购买养老理财产品等方式来增加晚年生活保障，因此养老金融呈现出跨人生阶段的长期性特征。

（三）养老金融的多元化

养老金融的多元化表现在两个方面：①养老金融产品和服务具有多元化特征。随着老龄化程度加深，养老需求呈现多元分层特征，养老金融产品和服务需要满足不同年龄段、不同收入水平、不同生活方式等方面的需求，因此形成了多元化的养老产品和服务。②养老金融投资具有多元化。除股票基金、重大项目等，养老金融机构还可以将养老金投向各种养老产业，利用养老产业专项债、基金和供应链金融等形式构建多元化投资渠道，提升养老金的投资运作效率。

（四）养老金融的跨界合作性

随着养老金融市场的发展壮大，养老金融机构与不同业态跨界融合，金融机构、养老机构与社会企业等市场主体开始相互合作，不断细分养老金融行业领域，推出银行理财、商业养老保险产品、股票、基金、房产等新的养老产品和服务。同时，通过创新"养老＋"跨界合作，促进养老、健康、医疗、教育、旅居、金融等产业融合发展，形成"医疗健康＋养老""健康公寓＋养老""养老＋金融"等模式，推动养老相关产业"全产业链"发展。

第二节　养老金金融

一、养老金金融的定义

养老金金融是指为储备制度化的养老金进行的一系列金融活动。对象是制度化的养老金资产；目标是通过制度安排积累养老资产，通过市场化投资运营实现保值增值。养老金金融主要包括两方面内容：养老金制度安排、养老金资产管理。

二、养老金制度安排

养老金制度安排是指通过政府、单位、个人等多方责任共担机制建立起多支柱、可持续的养老金制度体系,目前国际上养老金金融体系基本都采用"三支柱"框架结构,我国构建了"三支柱"养老保险制度框架:第一支柱为基本养老金;第二支柱为企业年金和职业年金;第三支柱为个人养老金。

根据人力资源和社会保障部统计公报数据,截至2023年年底,全国基本养老保险参保人数达10.66亿人,比2022年增长1 600万人,基本养老金待遇已实现连续18年上涨,基本养老保险基金委托运营工作稳步推进,同时企业职工基本养老保险实施全国统筹,能够缓解地区间基金收支压力,确保养老金按时发放,保障养老保险制度的公平性和可持续性,第一支柱基本养老保险稳定发展。企业年金和职业年金发挥对养老金的补充保障作用。企业年金规模进一步扩大,截至2023年底,已有14.2万家企业建立年金,但增速逐渐放缓。企业年金和职业年金投资运营规模接近5.6万亿元,运营和管理成效显著,第二支柱作为补充养老保险作用日益凸显。个人养老金政策展开试点,补齐我国三支柱养老金体系短板。2022年11月北京、上海、青岛等36个城市或地区开展个人养老金制度试点。截至2023年底,我国个人养老金参保人数已超5 000万人,累计缴费金额数百亿元,充分体现了个人养老金制度在扩大覆盖面、提高公众养老意识方面的积极作用。

目前,我国养老金体系呈现第一支柱"一枝独大"、第二支柱发展覆盖率低、第三支柱尚处于起步阶段的特点。企业年金处于低水平覆盖率,相比职业年金来说发展十分滞后,未能充分发挥对养老保障体系的补充作用。由于实行自愿缴纳原则,绝大多数企业尚未建立企业年金计划,参与职工比例仍然处于低位。

《全国企业年金基金业务数据摘要(2023)》显示,截至2023年年末,我国共有14.17万个企业建立企业年金计划,占全国法人单位数量的比重仅为0.23%,参加职工3 144.04万人,仅占全国城镇就业人口的6.68%,而OECD国家的企业年金整体覆盖率接近60%。

个人养老金试点成效不及预期,养老金体系建设任重道远。自2022年11月个人养老金制度落地实施以来,尽管个人养老金开户人数大幅增加,但建立账户人数占基本养老保险参保人数比例仍较低,已缴费人数占建立账户人数比例较低,同时还存在产品供应不均衡、选购渠道不畅、民众参保意愿不强等问题。此外,个人养老金包含储蓄类、保险类、理财类、基金类四大产品类型,但现在基金类产品不丰富,目前仅发行了养老目标基金,货币基金、债券型基金、股票型基金、混合型基金等均未被纳入,无法满足投资者多元化需求。

三、养老金资产管理

养老金资产管理是指对养老金资产的投资运作,在保证资产安全的前提下提高养老金资产的收益,养老金制度一般采取现收现付制或完全积累制,在一定时期内会形成养老基金积累,特别是完全积累制下基金结余存续长达几十年,需要通过市场化投资运营实现基金的保值增值。养老金投资需要综合考虑投资目标、风险承受能力和市场环境等因素,制定合理的投资策略,并由专业机构进行管理和运作。同时,养老金投资应注重风险管理、透明度和合规性,以确保养老金的稳健增值和为退休人员提供可靠的养老保障。

养老金投资的策略主要包括：①多元化投资。养老金投资应该采取多元化的策略，将资金分散投资于不同的资产类别，包括股票、债券、房地产、大宗商品等。这样可以降低投资风险，平衡收益和风险之间的关系。②长期投资。养老金是长期资金，在投资时要着眼于长期收益。长期投资可以更好地承受市场波动，获取长期持有资产所带来的收益。因此，要避免频繁交易和短期投机行为，注重长期价值的积累。③资产配置。合理的资产配置是养老金投资的核心。根据养老金的投资目标和风险承受能力，确定不同资产类别的比例。一般来说，年轻时可以适度偏向股票等高风险高回报的资产，随着年龄增长逐渐增加债券等稳健资产的比例。④风险管理。养老金投资需要注重风险管理，控制投资风险。建立科学的风险管理体系，包括风险评估、风险监控和风险应对措施等。同时，要及时调整投资组合，以适应不同市场环境和风险偏好的变化。⑤专业管理。养老金投资应由专业的投资机构或专业团队进行管理。这些机构具备丰富的投资经验和专业知识，能够更好地为养老金提供投资管理服务。选择合适的投资管理机构，并与其建立良好的合作关系。⑥透明度与信息披露。养老金投资应注重透明度和信息披露，及时向投资者公开投资情况和收益情况。投资者有权了解养老金的投资运作和风险状况，以便作出明智的投资决策。⑦法律合规。在养老金投资过程中，必须遵守相关法律法规和监管政策，保证投资行为的合法性和合规性。投资机构应建立健全的内部控制制度和合规管理体系，确保养老金资金的安全性和合法性。

第三节　养老服务金融

一、养老服务金融的定义

养老服务金融是指除制度化养老金以外，社会成员为了满足自身养老需求所采取的财富积累、消费及其他衍生的一系列金融活动。其主要涉及非制度化养老财富积累和非制度化养老财富消费两方面内容。目前养老服务金融产品呈多元化发展趋势：

银行、基金、保险、信托等金融机构积极探索养老金融产品创新，为居民提供了丰富、多元的养老财富储备选择，养老服务金融产品呈多元化发展趋势。银行开发了特定养老储蓄产品和理财产品，其中养老理财产品是采用符合养老需求的资产配置策略，实现投资者养老资金长期稳健增值的理财产品，截至2024年1月底，11家理财公司在10个试点城市发行了51个产品，认购投资者约47万名，规模超过1 000亿元。特定养老储蓄由工、农、中、建四家银行在5个城市开展试点，期限分为5年、10年、15年、20年四档，截至2024年1月底，存款人数约20万人，余额接近400亿元。

商业银行提供适老金融服务，将养老资金和养老服务相融合，成为参与养老金融业务的主要思路。基金业推出养老目标基金，截至2023年年底，已成立的养老目标基金整体规模超过950亿元。保险业主要涉及专属商业养老保险和商业养老金，并探索住房反向抵押养老保险。信托业则丰富养老消费权益及对资金安全的保障。金融业推陈出新，不断探索新的养老服务金融产品，满足多元化养老需求。

随着养老事业不断发展,市场上提供的养老服务金融产品也逐渐多元化,但养老服务金融产品同质化严重而且缺乏创新,难以满足客户个性化差异性需求。①目前金融市场上不同金融机构推出的养老服务金融产品较为相似,多在旧有金融产品基础上优化微调而成,个性化、精准化设计不足,同时长期属性不够突出,养老长期投资难以发挥,而且跨市场的养老服务金融产品的期限普遍较短,难以满足多样化养老投资需求。②目前居民的观念正在经历从"储蓄养老"到"投资养老"的转变,倾向于选择灵活性强的产品。但当前养老服务金融产品存在产品种类较少、投资期限固定等问题,很难得到居民的青睐。在多种因素制约下,养老服务金融市场有效供给不足,缺少系统性安排,居民养老服务金融的个性化差异性需求难以得到满足。

二、非制度化养老财富积累

非制度化养老财富积累即在国家养老金体系之外,社会成员为更好地满足老年生活需求,在工作期自发进行养老财富管理活动,需要金融机构提供养老财务规划、养老投资顾问等专业化养老金融产品和服务。中国非制度化养老财富积累主要包括以下优化路径。

(一)定位政府基本养老,发展多支柱养老金

(1) 完善政府主导的第一支柱基本养老金,并保证其可持续性。通过一系列参量改革促进制度公平和可持续发展:一是加强征缴管理,实现公共养老金缴费基数真实化足额化,消除当前基本养老金缴费基数不实的问题。二是优化缴费年限,激励多缴多得,增强公共养老金可持续性。三是建立统一的基本养老保险缴费基数、缴费率、待遇计发办法,逐步实现公共养老金基金全国统筹,通过大数法则实现风险分散。四是适时延迟全额领取养老金年龄,缓解养老金支付压力。五是完善养老金待遇科学调整机制,平衡养老金待遇。

(2) 大力发展第二支柱职业养老金,提高与职业相关的补充养老金收入。目前中国职业养老金包含两个部分:企业年金和职业年金。总体来看,中国企业年金和职业年金覆盖面有限,应通过一系列政策举措提高企业年金的覆盖面:一方面,通过完善税收优惠激励机制,提高企业年金的吸引力,从立法层面提高企业缴费部分的税收优惠比例;另一方面,应针对不同类别的企业建立符合其需求的企业年金计划,在此基础上,建立企业年金的自动加入机制,同时配套建立企业年金自动加入的过渡机制和退出机制,以此提高企业年金的覆盖面。

(3) 鼓励第三支柱个人养老金发展,进一步拓宽养老金收入渠道。当前中国正处于经济结构转型期,灵活就业群体规模不断扩大,发展第三支柱个人储蓄型养老金制度可以对这部分群体形成有效补充保障。中国应在借鉴国际经验的基础上,探索出适合中国实际的第三支柱个人养老金税收优惠方案。探索和建立 EET(缴费阶段和投资阶段免税,待遇领取阶段征税)和 TEE(缴费阶段征税,投资阶段和待遇领取阶段免税)相结合的税收优惠激励机制。此外,还可以对符合条件的低收入人群探索直接财政补贴,激励广大国民为自己积累更多的养老金储备。

（二）合理引导市场，实现养老金保值增值

养老金体系长期可持续发展的一个重要前提是实现养老金资产的保值增值。中国发展金融市场和资本市场最迫切的任务就是通过引入长期战略投资者，夯实市场基础，提振投资者信心，而实际上养老金就是长期投资者之一。通过完善养老金体系，大量的养老金资产可以为资本市场注入长期资本和活力，促进资本市场繁荣，反过来，资本市场又可以成为养老金资产保值增值的一个有效渠道。

基于此，政府应尽快制定养老金和资本市场结合的相关政策、法律，建立从养老金筹集时的税收优惠到投资运营贯彻市场化原则的养老金融法律体系，研究银行、证券、保险、信托等金融形态与养老金的结合，为实体经济发展提供长期稳定的资金支持，扩大中国资本市场的投资者基础，促进资本市场的大发展、大繁荣，也可以为养老金资产保值增值提供良好的渠道。养老和金融的结合与发展，可以为国家经济和社会可持续发展奠定基础，为政府实现解决养老问题、完善资本市场的双重目标打开一个突破口。

（三）丰富养老金融产品，满足多元化养老需求

从养老金融服务对象来看，中国拥有全球最大的养老金融服务市场，有总数超6亿人的中老年服务群体，养老金融市场体量巨大。金融机构应不断加强养老金融理论研究和产品创新，其核心是要提高养老金融服务产品的创新性、针对性和有效性。一方面，产品类别要丰富，除了传统的储蓄、保险、贷款等业务，还包括针对养老的理财业务、遗嘱信托等新业务；另一方面，产品需要有针对性和创新性，通过不同年龄阶段的特性，创建不同的养老服务金融产品，满足多元化的养老金融服务需求等。

（四）加强养老金融教育，提高国民养老金素养

作为老年人资产管理的重要手段，中国养老金融发展尚处于起步阶段，在很大程度上是由于中国金融市场发展还不完善，国民金融投资的基础知识不足。受此影响，国民对养老金融服务和产品缺乏深入的了解，养老金融活动参与度较低。在抗风险能力较弱的情况下，传统的储蓄是国民的首选，而其他养老金融产品发展受到严重制约，也不利于养老财富的保值增值。随着中国金融市场发展的逐步完善，应发挥养老金融监管部门、各级学校、行业协会以及金融机构等各主体的优势，将养老金融教育贯穿于消费者整个生命周期，这样才能全方位提高国民的养老金融素养，从而提高国民的养老金融投资能力。

三、非制度化养老财富消费

非制度化养老财富消费即社会成员在老年期将其养老财富储备用于消费的过程，同样需要金融机构提供针对性金融服务，如住房反向抵押贷款或保险、老年财产信托等。

消费是经济活动中的重要环节，是需求中最终实现的部分，是生产的最终目的和动力，能带动产业和就业，促进科技进步和创新，推动经济增长和社会繁荣，并给个人带来快乐和满足感。养老财富消费是广大老年人对美好生活需要的直接表现，是养老产业的基础并牵引供给，是对养老服务和产品创新的要求。金融在拉动养老财富消费增长方面有着突出优势，能实现个人生命周期的收入平滑，丰富收入渠道，促进老年居民消费增加。

金融机构应为满足老年人生活需求及消费行为提供金融服务,可以通过养老财富消费金融工具支持和促进老年人日常生活消费、服务和用品消费、健康消费、文化娱乐消费等。

(1) 保险拥有对风险管理、财富管理、养老健康等资源的整合能力,可以金融业务为粘合剂,从供给侧、支付端连接养老服务产业链,全方位满足老年人全生命周期的消费需求。

(2) 商业银行与非银金融机构、非金融机构合作,研发老年人消费的金融与非金融组合产品。例如,"福寿两全医疗保单"是满足老年人医疗需要的储蓄产品。商业银行还可以推出专属卡的增值养老服务,涵盖旅行、购物、餐饮及休闲等。中信银行专属信用卡"如意卡"将年龄限制延长到70岁,并配有"幸福年华"老年专属服务,覆盖养老领域金融与非金融各个场景。北京农商银行的"金色时光"专属信用卡面向55～70岁老年人,与老年人退休金、其他专属卡挂钩关联,解决老年人还款顾虑。

(3) 养老消费信托是一种理财产品与消费权益相结合的创新型产品,更重视受益人特定的养老消费目的,如家政、护理、医疗、心理关怀等。养老信托整合了养老资金、机构、服务、产品等单一零散形态,提供从账户管理到财富保值增值,再到养老服务、养老产业的全链条综合服务,构建养老服务生态圈和多样化场景。2014年,"中信和信居家养老消费信托"标志着我国养老消费信托破冰。2015年,北京国际信托又推出了"北国投养老消费信托"。2020年中航信托推出"鲲瓴养老信托",通过以单一信托账户为载体,实现了养老机构入驻资格的锁定、养老支出的锁定、养老代付权的锁定、传承收益的锁定。

第四节 养老产业金融

一、养老产业发展现状

(一) 国外养老产业发展现状

随着国外养老产业的不断发展与成熟,养老产业早已不仅仅局限于为老年人提供生命延续与健康保障,而是逐渐形成以养老服务为核心的银发经济,涉及多个领域和行业,涵盖养老地产、养老设施与器械、养老护理、养老食品、养老服饰、养老教育、养老旅游、养老金融、家政服务等各个方面,以满足老年人生活多样化、更高层次的需求。

1. 养老地产

养老地产的初衷是建设老年人集聚社区,以集中供应养老资源,并形成适宜老年人生活的社交文化。美国的养老地产起步较早,市场化程度较高,其发展方向为针对老年人的个人意愿、身体状况、经济条件提供差异化的养老地产服务。一般认为,美国的养老地产分为三种模式:第一,仅接受健康老年人,其本质仍为传统住宅开发,以房地产商为主体,凭低廉价格吸引老龄人,通过销售住宅以盈利,在社区内更多提供娱乐设计,医疗护理服务则依赖于城市市政;第二,持续护理社区,在社区内提供完备的医疗及护理资源,并组织老年大学等协会活动,该类社区由运营商主导,以收取护理服务及房租费用盈利;第三,以金融机构为主体的投资商,将旗下物业委托于运营商,按比例收取一定的管理费用和租金,收益稳定,但投资回报率较低。

2. 养老设施与器械

养老设施与器械包含老年人日常生活所必需的拐杖、防滑垫、轮椅等,但囿于其市场容量相对较小,消费活力不高,相关企业的发展很大程度依赖于社会保障体系对老年人的补贴与援助。以日本为例,其养老护理保险涵盖了辅具器械用品,有效刺激了老年人的购买欲望,进而推动市场发展。

3. 养老护理

养老护理产业是极具发展前景的产业,刚性的需求催生了养老护理员这一新兴职业,内容为非医护专业人士对老年人日常生活的照护。日本的养老护理产业发展较为完备,拥有健全的职业认定与分级体系、教育培训体系、支持政策体系。一是职业认定与分级层面,针对不同护理内容将从业人员分为5类,分别承担行业咨询、评估、管理以及具体护理工作;按照被护理对象的生活自理能力、需求及经济负担状况将其划分为7个级别,以针对性地提供护理服务。二是教育培训层面,设立护理专业和严格的专业资格等级考试,学习内容包含基础知识、专业机制及实习,只有参与培训学习并取得国家资格证书的人员才可从事相关工作,上述不同类别的从业人员所需的专业知识、学时与资格证明均有不同。三是支持政策层面,持续出台产业规划与资金支持政策,由政府资助护理专业学生的学杂费用,并对从业者提供一定补贴,并对国外相关人才提供优惠政策。

(二) 国内养老产业发展状况

国家陆续出台多个养老产业顶层规划,如《"十四五"国家老龄事业发展和养老服务体系规划》《"十四五"国民健康规划》等,推动扩大养老产业供给,促进养老产业健康发展。

1. 鼓励金融机构为养老产业提供差异化信贷支持

金融机构以应收账款、动产、知识产权和股权等抵质押贷款,探索养老服务领域资产证券化。以国家开发银行为代表的政策性银行和以中国银行为代表的商业银行积极探索推动养老产业发展的金融创新,为养老产业发展提供了长期可持续的资金来源。具体来看,国家开发银行以普惠养老为抓手,推动养老产业进行资源整合,设立养老产业专项贷款,并给予优惠利率支持,降低了养老项目的融资成本,支持普惠型养老服务体系建设。为进一步增强银行业支持养老产业的积极性,中国人民银行开展普惠养老专项再贷款试点,引导股份制商业银行向普惠养老机构提供优惠贷款,减少养老产业融资约束。

2. 支持保险资金加大对养老服务业的投资力度。

保险行业要加大投资养老服务业,开发老年人健康保险,研究开发适合多样化护理需求的产品。中国人寿提出"大资管、大健康、大养老"的发展战略,在北京、天津、苏州、深圳等地布局了养老产业投资;泰康人寿自建机构型养老社区;太保、新华等则摸索"轻资产"养老公寓模式;中国平安已经依托"高端康养、居家养老、健康管理"三大抓手构建了覆盖面全面的养老生态。保险资金通过产业自建、股权购买、组建联盟等模式向养老社区、老年健康养生等产业发展。泰康人寿公司投资兴建了多个养老社区,将养老保险、医疗保险、护理保险等产品延伸到养老社区,扩大金融服务领域。中国平安推进"医疗健康生态圈战略",通过健康、医疗、养老三大核心场景,从金融顾问到家庭医生,再到养老管家,打造"综合金融+医疗健康"服务体系,撬动了更多的消费需求。

二、养老产业金融的内涵

养老产业金融是指为与养老相关的产业提供投融资支持的金融活动。其主要包括养老产业融资和养老产业投资两方面内容。

(一)养老产业融资

养老产业融资是指从产业端的视角解决养老产业发展中的资本需求问题,由于养老产业投资额度大、回报周期长等原因,客观上需要通过市场化融资手段或政策性融资手段共同支持养老产业发展。市场化融资手段包括养老产业机构发行债券、上市、并购等;政策性融资手段包括政策性金融债、政府贴息贷款等。目前养老产业融资难的问题仍然较突出:①养老产业融资缺乏创新性的融资工具和模式,如资产证券化、房地产投资信托基金等,这些工具在养老产业中的应用尚不普及。②养老产业融资渠道主要依赖政府资金投入、政策性银行贷款及发行债券等传统方式,商业银行开展养老产业融资授信普遍积极性不足,通过银行信贷渠道融资占比较小且形式单一。③养老产业融资存在着投资主体单一的问题,社会资本进入养老产业的积极性不高。究其原因,一方面,养老产业一般是轻资产,缺乏规范性抵质押物、投资回收周期长、盈利水平低,因此商业银行不愿意给予信贷支持,也很难获得长期债权资金支持。另一方面,相比于社区和居家养老,资本更青睐机构养老模式。机构养老盈利方式更加明晰,入驻机构人群支付意愿相对较高,因此社区与居家养老很难得到资金的支撑,尤其是社区养老服务,很难提供长期入住床位,服务的辐射范围较小,定价较低,运营难度较大。

(二)养老产业投资

养老产业投资是指从资金端的视角解决金融资本参与养老产业发展中的资本有效配置问题,由于养老产业在实现经济效益的同时还具备社会效益,因此也存在一些不以获利为目的的投资工具,例如政府引导基金等。

三、大力发展我国养老产业金融

(一)完善资本参与机制,优化养老产业金融生态

资本参与机制的完善能够助力养老产业金融生态的优化。

(1)通过"养老金融+养老服务""养老金融+康养管理""养老金融+数字医疗""养老金融+智慧监护"探索养老金融与养老产业的深度协同,逐步形成以养老服务为核心,涵盖医疗健康、护理医院、康复辅助器具、老年用品、医疗美容、旅游娱乐、宠物消费等多元化的养老产业与衍生产业生态以及联盟平台,提高养老产业盈利能力和效率。

(2)明晰政府与市场资本的参与类型,即政府主要通过财政收入、地方政府专项债和养老专项再贷款等投资普惠型养老服务企业,并积极引导私人和社会资本进入养老领域,

提高市场化养老服务体系总投资中金融机构险资的投资规模和占比,推进政府由承担者向引导者和监管者转变。

(3) 加快建设有支付能力的市场需求和资本投资效益相匹配的产融结合机制,拓展智慧康养、康复护理、适老化改造、中医药和保健品产业、家庭医疗器械等多领域企业融资渠道,除传统 IPO、债券融资,还可采用 REITs 和私募基金手段为养老产业提供融资。

(二) 大力发展耐心资本,匹配养老产业长周期属性

耐心资本具有长期性、稳定性特点,这与养老产业的特性高度契合。

(1) 扩宽耐心资本来源,积极创造条件吸引社保基金、养老金、企业年金等更多中长期资金进入资本市场长期投资和布局,并加强投资监管和风险控制,保障耐心资本的安全稳健运行。

(2) 吸引耐心资本支持养老产业链延伸项目,引导和激励更多的保险资金通过直接和间接股权投向养老产业重点领域、养老衍生产业、养老产业上下游康养行业的私募股权投资基金,并由此带动民间投资积极性,促进我省银发经济健康可持续发展。

(3) 协同耐心资本,发行和用好养老产业专项债或超长期特别国债,推动具有医疗和看护功能的养老设施及数智康养平台等养老服务项目顺利实施和运营。

(三) 强化信贷支持功能,加大引导基金投放力度

加大信贷支持力度和完善养老产业引导基金建设对于推动养老事业和养老服务高质量发展,拉动居民消费促进银发经济和增进人民福祉具有重要意义。

(1) 加大养老信贷的政策支持力度,对养老产业项目贷款给予建设补贴、风险补偿、专项贴息、财政奖励、减税降费等支持,通过引入融资担保机构和完善的风险分担机制,充分发挥政府担保基金、政策性担保机构的信用增进作用。

(2) 针对涉老企业轻资产项目以应收账款和设备投资为主的实际情况,鼓励银行机构探索为养老服务体系建设等轻资产项目提供债权融资路径,开通养老信贷审批绿色通道,缩短贷款审批流程,扩大抵质押物接受范围,提高涉老企业贷款的可得性和便利度。

(3) 由政府、金融机构、涉老企业或组织合力注资成立养老产业投资引导基金,子基金或多期引导基金,并交由专业资产管理机构进行运营管理,通过设计清晰的退出机制确保政府引导基金在实现既定目标后能够把养老产业的产业化部分交给市场,以满足老年人中高端需求。

巩固训练与提高

案例分析题

新华保险四大举措助力"老有所养"

近年来,新华保险紧紧围绕老年群体在养老资金、安全健康、养老服务等方面的需求,

在养老金融领域持续发力,积极打造多层次"保险+养老"服务模式,丰富养老金融产品和服务供给,以高质量发展服务人口老龄化国家战略。一是扩容养老保险"货架"。新华保险面向老年群体推出养老年金、意外伤害、意外医疗、癌症医疗等中老年人专属保险产品;丰富护理保险产品供给,推出《长相护长期护理保险》;提高产品最高投保年龄,在售产品中有10余款产品支持80周岁或80周岁以上人群投保或续保。二是助力三支柱养老体系建设。新华保险主动参与国家第三支柱养老保障体系建设,积极开发普惠保险产品。积极开展第二支柱投资管理业务,旗下新华养老保险公司年金投管规模超300亿元。在第三支柱建设上,继卓越优选专属商业养老险产品获准成为行业首批个人养老金产品之后,新华保险后续推出美满优选、金悦优选两款可支持个人养老金业务的产品。三是加快打造养老生态圈。新华保险已经形成"康养综合社区+照护医养社区+休闲旅居社区+健康管理中心"的全功能康养服务体系,提供康养、医养、旅居、健康管理一体化的全生命周期服务。布局"城心+城郊"机构养老链条,加快推进轻资产养老布局。四是主动做好适老化服务。新华保险高度关注老年客户服务体验,持续优化服务流程并提升服务质量,多措并举切实提升适老金融服务水平。从老年用户的高频功能和服务场景出发,新华保险官方App"掌上新华"客户端推出"长辈模式",最大程度方便老年客户获得服务,帮助老年人跨越"数字鸿沟"。为方便代理人面向客户展业,新华保险新时代产品推介系统推出大字版建议书,优化老年用户的阅读体验。新华保险发挥渠道优势,完善网点柜面适老化改造,在全国柜面窗口开设630余家"银发服务驿站"。

思考: 通过查阅资料了解金融机构服务养老金融的状况,并结合案例分析保险公司如何采取措施服务人口老龄化国家战略。

第七章 数字金融

学习目标

（1）比较数字金融、互联网金融和金融科技的异同。
（2）理解数字货币、数字人民币的内涵。

能力目标

（1）了解人工智能、大数据、区块链等数字技术在金融领域的应用。
（2）分析第三方支付的原理及实质。
（3）探讨数字信贷对商业银行的影响。

案例导入

商业银行建设智慧银行

智慧银行是人工智能与银行领域的深度融合，要求具备更高的专业性、可靠性和合规性。智慧银行融合运用人工智能模型，既要遵循人工智能通用模型构建的一般原则，也要结合银行业务特点满足更高要求。一是模型专业性。需要解决垂类模型训练中金融领域知识短板的问题，包括金融专业通识和银行私域专属条款、业务流程、沟通话术等。二是模型可靠性。智慧银行不仅涉及内容的智能生成，还必须确保其输出内容的可解释性和高稳定性。尤其是在风险评估方面，要求模型能够展示清晰明确的决策逻辑和准确的决策信息，提升模型透明度。三是模型合规性。银行面对客户的模型不仅要提供准确的信息，还需要确保输出的内容遵守相关金融法规和监管要求，不包含任何偏见，保护投资者权益，避免涉及用户隐私。建设智慧银行模型，要求具备广泛海量、清晰准确、安全可控的数据基础。在数据规模方面，不仅要有财务数据、交易数据、客户信息、产品数据、经营管理数据，还要涵盖更加广泛的行为数据、非结构化的沟通数据等多模态数据；不仅总数据量要大，还要保证各个客户群体、交易类型、风险案例的数据量适度均衡。在数据质量方面，不仅要有清晰准确的数据标注和高度的时效性，还要有完善的数据融合机制和数据安全保护机制，确保通过模型能够作出正确、合规的判断。在数据来源方面，金融数据的敏感性、私密性导致银行之间存在信息壁垒，银行必须实现对数据的全面自主可控，并确保数据获取的公开透明、安全合规。

讨论：商业银行建设智慧银行的必要性以及智慧银行如何融合人工智能与商业银行的服务。

第一节　数字技术

数字技术是一项与电子计算机相伴相生的科学技术,它是指借助一定的设备将图、文、声、像等各种信息转化为电子计算机能识别的二进制数字"0"和"1"后进行运算、加工、存储、传送、传播、还原的技术。当前新一代数字技术主要包括人工智能、大数据、云计算、区块链、电子商务技术等。

一、人工智能

(一)人工智能的定义

人工智能是致力于解决通常与人类智能相关联的认知性问题的计算机科学领域,这些问题包括学习、创造和图像识别等。人工智能的目标是创建从数据中获取意义的自我学习系统。深度学习神经网络构成了人工智能技术的核心,基于神经网络的关键技术包括自然语言处理、计算机视觉、生成式人工智能、语音识别等。

(二)机器学习

机器学习是人工智能的一个分支,它是实现人工智能的一个核心技术,即以机器学习为手段解决人工智能中的问题。机器学习是通过一些让计算机可以自动"学习"的算法并从数据中分析获得规律,然后利用规律对新样本进行预测的技术。机器学习的进步为金融领域的人工智能开辟了新的应用范围:①在智能风险评估与信用评分方面,机器学习的算法能够自动分析和处理海量数据,快速准确地评估客户的信用风险,识别出更多的风险因子,提高风险评估的准确性和效率。②在智能投资与资产配置方面,通过深度学习和神经网络等技术,机器学习能够自动分析市场数据,预测股票、债券等金融产品的价格走势,为投资者提供智能化的投资建议。机器学习还可以根据投资者的风险偏好和收益目标,为其制定个性化的资产配置方案,实现资产的优化配置和风险管理。③在智能客户服务与反欺诈方面,通过自然语言处理和语音识别技术,机器学习能够智能识别客户的问题和需求,提供个性化的服务建议。同时,机器学习还可以通过分析客户的行为和交易数据,及时发现并预防欺诈行为。

(三)生成式人工智能

生成式人工智能是一项利用复杂的算法、模型和规则,从大规模数据集中学习,以创造新的原创内容的人工智能技术。这项技术能够创造文本、图片、声音、视频和代码等多种类型的内容,全面超越了传统软件的数据处理和分析能力。2022年年末,Open AI推出的ChatGPT标志着这一技术在文本生成领域取得了显著进展,2023年被称为生成式人工智能的突破之年。这项技术从单一的语言生成逐步向多模态、具身化快速发展。在图像生成方面,生成系统在解释提示和生成逼真输出方面取得了显著的进步。同时,视频和音频的生成技术也在迅速发展,这为虚拟现实和元宇宙的实现提供了新的途径。生成式人工智能技术在各行业、各领域都具有广泛的应用前景。

二、大数据

大数据是数字经济时代的新型生产要素,也是驱动数字金融高质量发展的关键动力。金融作为典型的数据密集行业,在数据综合利用与价值释放上具有较好的先行示范基础。大数据在金融行业的运用主要体现在以下方面。

(一)通过数据提升金融服务水平

推动金融信用数据、公共信用数据与商业信用数据的共享流通,构建数字化信用体系,对传统的征信渠道形成有效补充,缓解借贷企业与金融机构之间的信息不对称;支持金融机构在依法安全合规的前提下,融合利用多渠道、多维度数据精准建立用户画像,更好地为客户提供个性化、定制化的金融产品与服务。伴随数据交易市场的发展成熟,数据交易将逐步由价值交换向价值创造演进。2024年是我国数据资产入表元年,应鼓励符合条件的金融机构积极探索基于数据资产的金融产品与服务创新,进一步深化数据要素的金融属性。

(二)通过数据提高金融风控能力

引导金融机构加强对重点领域、高频交易数据的监控,提高对具体业务活动风险识别和处置的准确性;建立健全金融风控类数据识别、归集及使用的统一标准,打破金融机构内部业务部门、风控部门与科技部门间的"数据孤岛",支持金融机构间共享风控类数据,鼓励金融机构依法合规与科技公司、平台企业开展风控合作,提高金融风险预警和防范水平。

(三)通过数据完善基础设施

金融数据中心是金融机构的心脏,也是数字金融发展的核心支撑基础设施。金融机构对大模型落地应用的探索,已直接催生出对算力需求的爆发式增长。随着金融机构对隐私计算、生成式人工智能应用、数字员工部署等金融科技的深度应用,我国要加快推进新一轮数字金融算力基础设施的建设,科学有序推动通用算力、智能算力与超级算力一体化布局,推进区域数据中心集约化建设,促进跨网、跨地区算力互联互通,围绕金融市场高频交易等低时延业务场景开发部署智能边缘算力节点,为数字金融的发展提供精准高效的算力支持。在金融行业三大细分领域中,证券领域对算力和技术的要求最高。在交易环节,快速响应是量化交易最明显的优势之一,通常分析和操作的响应速度能到秒级别,高频交易甚至以微秒计算。

三、云计算

(一)云计算的定义

云计算是一种通过网络提供计算资源和服务的模式,如数据存储、数据计算、大数据处理能力、应用服务等。云计算的本质是:将计算能力从本地迁移到网络上的大型数据中心,使用户能够以更灵活、经济高效的方式使用这些资源,就像使用水电一样。

(二)云计算的特点

1. 弹性和可伸缩性

云计算允许根据需求动态调整资源,用户可以根据流量变化、或业务需求随时增加或减少计算资源。

2. 自服务性

用户可以通过网络自助获取所需的计算资源和服务,无需人工干预或直接接触服务提供商。

3. 资源共享

多个用户可以共享云计算提供的资源,通过虚拟化技术,实现资源的高效利用,降低成本,提高资源利用率。

4. 按使用付费

用户通常按照实际使用的资源量付费,而不是提前购买或租赁固定数量的资源,避免了资源浪费。

(三) 隐私计算

隐私计算是一种技术体系,旨在云计算环境中保护数据的隐私和安全,实现数据价值的合规有序释放。它通过设计保护隐私,从一开始就将数据安全需求嵌入技术运作中,成为技术运作的缺省规则。缺省规则是一种特殊的法律规则,它规定了在没有其他明确规定或当事人没有特别约定时,应当适用的规则。隐私计算的主要目标是隐私保护的自动化执行,构建支持海量用户、高并发、高效能隐私保护的系统设计理论与架构,实现不同算法之间的有效组合。隐私计算是嵌入数据处理环节的基础性技术,应用不当极有可能造成传统算法歧视的泛化和异化,导致自动化决策失误。

四、区块链

(一) 区块链的定义

区块链是一种块链式存储、不可篡改、安全可信的去中心化分布式账本,它结合了分布式存储、点对点传输、共识机制、密码学等技术,通过不断增长的数据块记录交易和信息,确保数据的安全和透明。

(二) 区块链的特点

区块链的特点包括去中心化、透明、不可篡改、安全和可编程。每个数据块都链接到前一个块,形成连续的链,保障了交易历史的完整性。

1. 去中心化

区块链技术最显著的特性之一是去中心化。传统的记录保存系统,如银行或政府记录,通常都是中心化的,这意味着所有数据存储在单一位置,由单一实体控制。区块链去中心化的结构意味着数据不是存储在单一的中心服务器,通过网络上的成千上万个节点进行分布式存储。这种结构减少了单点故障的风险,增加了系统的抗攻击能力。

2. 透明

由于区块链的所有交易记录对网络中的所有参与者都是可见的,这种机制提供了前所未有的透明度。每笔交易都公开记录在区块中,任何人都可以查看交易历史。系统的透明使得所有操作都可以被追踪,难以被篡改或隐藏。

3. 不可篡改

区块链技术的另一个核心特性是不可篡改。一旦交易被记录在某个区块中并被网络确认，它就无法被修改或删除。每个区块都通过包含前一个区块的哈希值而与之链接，形成一个不断延伸的链。修改链中的任何信息都需要重新计算所有后续区块的哈希值，这在计算上是不可行的，特别是在大型网络中。

4. 安全

区块链使用复杂的加密技术，确保数据的安全和完整性。每个区块的数据都通过哈希函数加密，任何对数据的微小更改都会导致哈希值完全不同，这使得非法更改数据变得极其困难。区块链中的交易需要相关方的数字签名，这进一步保证了交易的安全性和各方的责任。

5. 可编程

区块链技术还具备可编程的特点，支持智能合约等高级功能的实现。智能合约是一种基于区块链技术的自动化合约，它可以在满足特定条件时自动执行合约条款，无需人工干预。这种可编程性使得区块链技术能够应用于更广泛的场景，提高交易效率和降低信任成本。

（三）基于区块链的供应链金融应用

区块链技术的重要特性是它成为一种具有颠覆性潜力技术的关键。这些特性不仅使区块链在金融行业中得以应用，也使其在供应链管理等领域有着广泛的应用前景。

在基于区块链的供应链金融应用中，通过将供应链上的每一笔交易和应收账款单据上链，同时引入第三方可信机构，如银行、物流公司等，来确认这些信息，确保交易和单据的真实性，实现了物流、信息流、资金流的真实上链；同时，支持应收账款的转让、融资、清算等，让核心企业的信用可以传递到供应链的上下游企业，减小中小企业的融资难度，同时解决了机构的监管问题。

五、电子商务技术

电子商务是利用计算机技术、网络技术和远程通信技术，实现整个商务（买卖）过程中的电子化、数字化和网络化。

（一）网络技术

电子商务的发展是建立在网络发展的基础上的，电子商务的实现更是离不开网络，网络技术是电子商务的关键技术之一。

（二）Web 浏览技术

电子商务的活动主要是在网络上进行的，所有产品和服务都呈现在网页上。选择 Web 浏览技术如何更好地应用于 Intenet，并被广大用户接受和使用，具有重大意义。利用 Web 浏览器，交易双方可以实现交互。目前 Web 浏览技术主要支持 HTML 格式。但随着进一步的发展，XML 格式浏览器也会逐步普及并被人们所使用。

（三）安全技术

电子商务的安全性必须要有一些安全技术作为保障，没有可靠的安全技术，就无法确定电子商务的安全性。电子商务的网上交易需要一个商务活动所涉及的各方均信任的第三方机构来完成商务活动各方的身份认证以及其他一些网上数据的有效性认证。目前证书认证是普遍使用的身份认证的一种方式。证书认证具体的操作过程是：建立相关的认证体系，然后对交易双方进行身份确认。证书认证的结果是使产生的每一个证书都与一个密钥相对应。目前最为流行的证书格式是由ITU-T建议的X.509版本3中所规定的。现在许多其他标准化组织都以X.509作为公共密钥认证的基础。

（四）数据库技术

在电子商务的业务活动中会用到很多信息，如商家为用户提供的商品信息、认证中心储存的交易角色的信息、配送中心需要使用的配送信息、商家管理用户的一些购买信息以及用户的购买历史信息等。这些信息需要合理地储存起来，并能够在需要的时候抽取出来，这就要利用到数据库技术。数据库技术是企业管理信息系统的核心技术，该技术包括数据模型、数据库系统（Oracle、Sybase、SQL server等）、数据库系统建设和数据仓库、联机分析处理和数据挖掘技术等。应用于电子商务中的数据库技术主要的功能包括：数据的收集、存储和组织，决策支持，Web数据库。

（五）电子支付技术

电子商务业务可以在网上进行资金支付，即电子支付。从严格意义上讲，电子支付是一个过程而不是一种技术，但在该过程中涉及很多的技术问题。这些技术主要包括：电子货币（电子支票、银行卡、电子现金）的表示形式、发放和管理技术，电子支付模式。电子货币的表示形式主要由金融机构来制定，标准比较繁杂，主要是制定电子支票和电子现金的形式等。电子支付模式现在一般使用两种：SSL/TLS和SET技术。从技术角度讲SSL/TLS技术不是一种支付协议而是一种会话层安全协议。使用SSL/TLS技术进行电子支付，是利用SSL在进行支付的双方建立一个安全会话通道，这样可以保证应用层数据在互联网络传输中不被监听、伪造和篡改。而SET技术是一个以信用卡支付为基础的网上电子支付协议。

第二节　数字金融概述

一、数字金融的定义

数字金融是指传统金融机构与互联网公司等持牌金融机构运用数字技术实现融资、支付、投资及其他服务，通过数字技术、数据要素和数字基础设施实现金融产品和服务供给或创新，精准地为客户提供个性化、定制化和智能化金融服务的新型金融业务模式。

数字金融是金融与数字技术结合的高级发展阶段，是金融创新和金融科技的发展方向。数字金融是数字经济时代的金融形态，具体包括金融产品和业务服务流程的数字化。金融机构对数据要素的挖掘和金融科技的深度应用，优化完善或创新金融产品和业务。例如，金融机构基于中小微企业的工商信息、信用信息等各方面数据，利用大数据技术进行风险画像,从而设计和提供个性化的金融产品或服务。数字金融本身就是新质生产力。

与互联网金融和金融科技定义相比,互联网金融侧重于互联网公司从事的金融业务,金融科技更强调技术特性,而数字金融的概念则更加中性、范围更加广泛,既包括互联网金融各业态,也涵盖了金融科技的内容。

二、互联网金融

互联网金融是我国自主创新的概念。互联网金融是指传统金融机构与互联网企业利用互联网技术和信息通信技术实现资金融通、支付、投资和信息中介服务的新型金融业务模式。2014年3月,《政府工作报告》第一次提出和使用"互联网金融"的概念,要求"促进互联网金融健康发展"。2015年《政府工作报告》肯定"互联网金融异军突起",再次强调促进互联网金融健康发展。2015年7月,中国人民银行等十部门发布的《关于促进互联网金融健康发展的指导意见》界定,互联网金融是传统金融机构与互联网企业利用互联网技术和信息通信技术实现资金融通、支付、投资和信息中介服务的新型金融业务模式。2016年《政府工作报告》强调"规范发展互联网金融"。为促进互联网金融健康有序发展,2016年4月,党中央、国务院部署了互联网金融风险专项整治工作,探索建立互联网金融监管长效机制。在2017年《政府工作报告》中,把互联网金融列为金融风险的重要来源,要求"对不良资产、债券违约、影子银行、互联网金融等累积风险要高度警惕",部署了整顿规范金融秩序,筑牢金融风险"防火墙",守住金融安全底线。2018年《政府工作报告》提出坚决打好三大攻坚战,进一步要求健全对影子银行、互联网金融、金融控股公司等监管,进一步完善金融监管、提升监管效能。2019年《政府工作报告》没有提及互联网金融,只是强调引导金融支持实体经济,稳妥处置金融领域风险。2014—2019年,国家层面对互联网金融持包容审慎的态度,从促进发展到规范发展,再到专项整治、加强监管,探索金融创新之路。

三、金融科技

金融科技最早来源于国外,主要指企业通过区块链、人工智能、云计算等技术对传统金融业务创新,重点在于新技术对传统金融的改造升级。国际机构金融稳定理事会2016年将金融科技定义为:金融科技是基于大数据、云计算、人工智能、区块链等一系列技术创新,全面应用于支付清算、借贷融资、财富管理、零售银行、保险、交易结算等六大金融领域,是金融业未来的主流趋势。

2017年5月,为了加强金融科技工作的研究规划和统筹协调,中国人民银行成立金融科技委员会。2019年8月中国人民银行颁布的《金融科技发展规划(2019—2021年)》进一步明确了国家层面对金融科技的定义:金融科技是技术驱动的金融创新,旨在运用现代科技成果改造或创新金融产品、经营模式、业务流程等,推动金融发展提质增效。在新一轮科技革命和产业变革的背景下,金融科技蓬勃发展,人工智能、云计算、大数据、物联网等信息技术与金融业务深度融合,为金融发展提供源源不断的创新活力。

我国"金融科技"第一次出现在《政府工作报告》的时间是2020年,要求利用金融科技和大数据降低服务成本,提高服务精准性。2020年以后,《政府工作报告》中提到关于金融与技术融合的新业态,用"金融科技"替代了"互联网金融"。2021年《政府工作报告》中提出,强化金融控股公司和金融科技监管,确保金融创新在审慎监管的前提下进行。

总之,金融科技是通过利用各类科技手段创新传统金融行业所提供的产品和服务,它能创造新的模式、业务、流程与产品,既包括前端产业也包含后台技术,以此来提升效率并有效降低运营成本。金融科技的本质是金融,其核心是运用信息技术为金融提质增效。发展金融科技的目的就是更好地推动金融业转型升级,服务实体经济,促进普惠金融和防范金融风险。

四、我国数字金融的发展阶段

(一)第一个阶段

2019年10月24日,习近平总书记在中共中央政治局就区块链技术发展现状和趋势进行第十八次集体学习时指出,区块链技术应用已延伸到数字金融、物联网、智能制造、供应链管理、数字资产交易等多个领域,要求推动区块链和实体经济深度融合,解决中小企业贷款融资难、银行风控难、部门监管难等问题。这是中央高层第一次使用了"数字金融"概念。

2021年7月6日,国务院金融稳定发展委员会召开会议强调,当前及未来一段时期,发展普惠金融、绿色金融、数字金融,建设中国特色资本市场,促进金融、科技、产业良性循环等重大课题。

第一阶段的"数字金融"相当于金融数字化,与金融科技是同义语。例如,在《中华人民共和国国民经济和社会发展第十四个五年规划和2035年远景目标纲要》的"深化金融供给侧结构性改革"中提出,稳妥发展金融科技,加快金融机构数字化转型;强化监管科技运用和金融创新风险评估,探索建立创新产品纠偏和暂停机制。

(二)第二阶段

在第二阶段,国家把数字金融纳入数字经济,要求发展与数字经济相适应的金融服务能力。

2022年1月,国务院印发的《"十四五"数字经济发展规划》将金融放在了"全面深化重点产业数字化转型"部分,提出全面加快商贸、物流、金融等服务业数字化转型。此外,在"着力强化数字经济安全体系"中要求规范数字金融有序创新,严防衍生业务风险,明确使用了"数字金融"概念,把数字金融看作一种金融业务形态,并以加强监管为主导方向。

2022年1月,原中国银保监会发布《关于银行业保险业数字化转型的指导意见》,提出构建适应现代经济发展的数字金融新格局,积极发展产业数字金融。中国人民银行印发《金融科技发展规划(2022—2025年)》,要求将数字元素注入金融服务全流程,将数字思维贯穿业务运营全链条,注重金融创新的科技驱动和数据赋能,部署高质量推进金融数字化转型,健全适应数字经济发展的现代金融体系。

(三)第三阶段

在第三阶段,国家将数字金融上升为国家战略,成为金融"五篇大文章"之一。

在产业数字金融兴起之前,数字金融主要面向消费端客户,提供线上化、场景化的移动支付、个人信贷、理财等。随着产业互联网快速发展,企业端数据被采集起来,从而将实体经济引入数字金融生态,产业数字金融应运而生,开辟了新的市场。金融机构积极发展产业数字金融,打造数字化金融服务平台,推进开放银行建设,加强场景聚合、生态对接。金融机构依据各地发展机遇与比较优势,探索打造绿色产业数字金融、跨境产业数字金融、科创产业数字金融、乡村产业数字金融等特色模式,实现了差异化市场竞争。

2023年召开的中央金融工作会议,把数字金融作为金融"五篇大文章"之一,对数字金融高质量发展提出了新要求,成为数字中国建设和发展数字经济的重要组成部分。做好数字金融这篇大文章,需要在加快发展数字经济的时代背景下,推动数字金融与数字经济有机融合、数字技术和数据要素双轮驱动,着力提升金融服务实体经济质效,加快建设金融强国。

第三节 数字金融业态

数字金融业务模式和业态在不断进化之中,目前数字金融主要包括数字货币、数字支付、数字信贷等金融业态。

一、数字货币

商品货币、金属货币、纸币、电子货币等都是货币在不同历史阶段的表现形态,电子货币、数字货币则是在现代信息技术、数字技术支持下货币更为虚拟化的表现。数字货币的货币属性需要满足交易媒介、价值尺度、价值储藏等职能,数字货币应能够广泛被民众接受并且流通,同时数字货币应当拥有价值基础,能够保持较好的币值稳定。

国际货币基金组织从货币的职能出发,将数字货币定义为:能通过数字信息技术实现支付交易、财富储藏、记账流通等功能的机制体系。该定义将数字货币等同于"电子货币",把支付宝、微信钱包等互联网支付工具也纳入数字货币的范畴。更多的学者认同狭义的定义,即数字货币是综合运用密码学、互联网、区块链等信息技术,以精密的数学模型和大量的加密计算为基础,以实现货币的各类职能,但又相对独立于传统货币系统的一种金融科技。

在数字货币发展的早期阶段,各国央行并未高度重视数字货币的发展,更多是对数字货币风险的防范。数字货币是一种新鲜事物,它对传统央行法币体系的影响和冲击难以估量,使其存在着严重的泡沫化倾向。特别是在比特币价格飞涨并带起一大批"空气币"的影响下,各国为规避数字货币带来的风险,不断完善监管体系,有的国家采取禁止或限制措施。2017年,日本实施《资金结算法》确认数字货币作为支付手段的法律地位。美国、韩国等对从事数字货币服务的机构进行许可证管理,与其相关联的金融机构也被纳入监管范围,对数字货币服务利润课税。为应对私人部门数字货币的冲击,维护各国货币主权,多国央行开始研究中央银行数字货币(简称央行数字货币)的发行。2016年4月,在伦敦大学的技术支持下,英格兰银行推出法定货币实验 RSCoin 项目。央行数字货币可以分为批发型和零售型两种类型。批发型主要面向特定金融机构,用于大额结算,许多国家选择合作开发。2016年9月,欧洲央行联合日本央行开展基于区块链的跨境支付Stella 项目。零售型面向公众,主要用于解决日常小额支付问题。2020年,瑞典央行推出的电子克朗是全球首个"零售型"的央行数字货币。

中国是最早开始研究央行数字货币的国家之一。我国央行数字货币根据国际惯例命名为数字人民币(e-CNY),它是由中国人民银行发行的数字形式的法定货币,由指定运营机构参与运营并向公众兑换,以广义账户体系为基础,支持银行账户松耦合功能,与纸钞硬币等价,具有价值特征和法偿性,支持可控匿名。数字人民币的主要设计特性包括:①兼具账户和现金特性。数字人民币与银行账户松耦合,即钱包可以不绑定银行账户,用户根据需要选择开立不同身份识别强度的钱包;同时数字人民币面额可变,可通过加密币串形式实现价值转移;数字人民币主要定位于流通中的现钞和硬币,不计付利息。②使用成本低。中国人民银行不向指定运营机构收取数字人民币兑换、流通费用,指定运营机构也不向个人客户收取数字人民币的兑换费用。③支付即结算。通过数字人民币钱包进行的资金划转,均体现交易的最终性,即"支付即结算"。④可控匿名。数字人民币遵循"小额匿名、大额依法可溯"的原则,可满足公众对小额匿名支付的需求。数字人民币体系收集的交易信息少于传统电子支付模式,除法律法规明确规定,不提供给第三方或其他政府部门。⑤安全性较高。数字人民币综合使用数字证书、数字签名、加密存储等技术,并已初步建成多层次安全防护体系,保障全生命周期风险可控。⑥可编程性。数字人民币通过加载不影响货币功能的智能合约实现可编程性,在确保安全合规的前提下,可根据交易双方商定的条件、规则自动付款,促进业务模式创新。

二、数字支付

数字支付是指自动识别技术、信息通信技术、区块链、大数据、云计算等数字技术在支付领域的应用。广义的数字支付是指整个支付体系的数字化,是数字技术在完成货币所有权转移中的应用。狭义的数字支付是指运用数字技术的创新支付方式,本书探讨的是狭义的数字支付,关注支付方式的数字化。数字支付强调自动识别技术、信息通信技术、区块链、大数据、云计算等数字技术的使用,电子支付强调支付命令是由电子终端发出的。

从主导数字支付服务组织的角度,数字支付分为第三方支付、卡基支付和数字人民币支付。第三方机构提供的支付服务为第三方支付;商业银行提供的数字支付服务为卡基支付;中央银行主导的是数字人民币支付。从这三类支付方式出现的时间来看,卡基支付是最早的数字支付方式,多用于大额支付场景;接着是第三方支付,多用于小额零售支付场景;最后出现的是数字人民币支付。

从支付媒介的角度,数字支付分为移动支付、可穿戴支付、智能家电支付以及无感支付等。技术的发展使得支付媒介形式多样,手机、平板电脑、智能手表、智能手环、数字电视、智能音箱、智能冰箱等电子终端都可以作为发起支付指令的媒介,甚至还有不需要任何媒介即可完成支付的"无感支付"。

从账户模式的角度,数字支付分为卡基支付和账基支付。卡基支付是付款人通过各种交易发起方式(ATM、POS、手机、Internet 等)以卡片(磁条卡或芯片卡等)的形式向收款人转移后者可以接受的对发卡主体的货币债券。主要业务种类包括储值卡消费、银行卡 ATM 提现、POS 消费,以及银行卡 ATM 跨行转账、网上支付、柜面通、移动 POS、手机支付等,它的核心在于将资金储值在一张银行卡上。不论是采用传统的银行卡,还是采用手机银行等新兴方式进行支付,卡基支付的本质都是其背后的银行卡支付系统。与卡基支付相对的是账基支付,即基于账户的支付,第三方支付是其中的典型(如支付宝、微信支付)。账基支付模式下,资金存放在用户注册的账户中,用户可以在第三方支付平台中绑定多张银行卡。

三、数字信贷

数字信贷是金融机构运用数字技术和金融数据作出信贷决策,在线上为借款人提供无抵押的信用贷款。数字信贷体系包括可匹配的数字化产品、数字化客户画像、数字化营销、智能化运营、数字化风控以及全生命周期的信贷管理。

数字信贷依托金融科技手段实现业务全流程标准化、数字化、可配置化,有效降低了获客成本、运营成本、资金成本和风控成本。从客户端来看,建立目标客户画像,打通"场景+平台"的获客渠道,结合线上线下精准营销获取批量优质客户并实现分类管理,减少客户引流成本。从金融机构端来看,基于海量数据信息建立大数据风控体系,并积极接入"银税互动""信易贷"等信用信息共享平台,打破机构间的信息孤岛,实现贷前、贷中、贷后的风险综合管理,高效控制风险管理成本。此外,数字化的业务流程缩减了人工审批成本和信息处理等交易成本,有利于金融机构降费让利;智能化精准营销和线上线下一体化经营,也有利于降低销售成本。

数字信贷有极强的扩展效应。一方面,数字信贷打造丰富多元的信贷产品,实现产品和场景融合,满足更广泛用户群体和不同业务的需求,拓展金融服务范围。另一方面,通过构建线上线下协同的金融服务体系,利用网络渠道延伸普惠金融服务触角,突破了时间、空间等限制,提供全天候在线信贷服务,及时响应企业短期小额的融资诉求。

数字信贷充分发挥数据运营能力,强化数据整合,深化数据分析,激发数据要素价值,显著提升金融服务能力和服务质量。例如,通过设计数据分析模型和建立算法规则,挖掘客户关联关系,刻画客户行为偏好,借助 OCR 识别、语音输入、人脸识别等技术针对不同类型客户实施差异化营销,拓展金融服务半径,提升客户服务体验。在科技驱动和数据赋能的催化下,金融科技已经进入 4.0 时代,金融机构都在不断革新风控能力。例如,大部分银行都实现了客户逾期还款自动提醒功能,应用了二维码技术和 iPad 实现远程获客和调查,维护资产质量。

巩固训练与提高

案例分析题

邮储银行"小微易贷"

"小微易贷"是邮储银行利用互联网、大数据技术,结合小微企业纳税信息、政务信息、房产信息、进出口数据信息、电商类平台企业经营数据、零售商圈企业经营数据、核心企业进销数据、企业ETC通行费数据信息以及在邮储银行的综合金融信息,向小微企业发放全线上自助流动资金贷款的一款产品,包含税务易贷、海关易贷、工程信易贷模式、发票易贷、抵押易贷以及综合贡献度融资等。适用对象为小微企业或者企业主在邮储银行综合贡献度较高或者其他符合我行准入条件的小微企业。其产品要素包括:①授信额度,最高1 000万元;②授信期限,最长36个月;③贷款利率,以签约利率为准。其申请流程为:企业及企业主通过企业网上银行、手机银行等渠道完成身份认证后选择办理"小微易贷"业务。系统运行审批、授信模型评价反馈贷款方案给用户,用户输入贷款金额、期限并确认。申请人进行线上签约、在线支用、还款等操作。

思考:请查阅国有大型商业银行数字金融业务发展现状的相关资料,并结合案例分析邮储银行运用数字金融服务小微企业的意义。

第八章 德行操守

学习目标

(1) 了解银行、证券、保险等金融机构的从业门槛。
(2) 理解银行、证券、保险等金融机构从业人员的职业操守。

能力目标

(1) 掌握金融机构从业人员的行为规范。
(2) 辨析金融机构从业人员恪守金融科技伦理底线。

案例导入

证券从业人员因品行不端被警告

2024年4月,广西证监局发布处罚决定,对证券从业人员郑某采取出具警示函的行政监管措施。业内人士表示,这是近年来首例因不符合"品行良好"要求而被监管处罚的案例。罚单显示,郑某在中国证券业协会登记为从业人员期间,因未履行相关法律义务,于2023年11月被南宁市青秀区人民法院列为失信被执行人。郑某的行为不符合《证券基金经营机构董事、监事、高级管理人员及从业人员监督管理办法》(下称《办法》)第十五条第一项规定。《办法》第十五条第一项规定,证券基金经营机构从业人员应当持续符合品行良好等条件。中国执行信息公开网信息显示,因违反财产报告制度,郑某被列为失信被执行人,执行标的合计358 350元,立案时间为2023年7月4日。被执行人没有履行法律文书确定义务的,要向法院报告其一年的财产情况,被执行人拒绝报告的,就属于违反财产报告制度。随着我国证券期货行业监管规定和自律规范不断深化,公司治理、投行业务、资产管理、期货衍生品等领域成为近期监管关注和处罚的重点,处罚力度不断加强。业内人士认为,此次处罚延伸至从业人员品行,将警示机构进一步规范证券从业人员职业道德,提升从业人员执业行为规范,积极形成促进行业高质量发展的合力。

讨论: 案例中的郑某为何被列为失信被执行人?如何理解"品行良好"?

第一节 银行业从业人员职业操守和行为准则

银行业金融机构是指在中华人民共和国境内设立的商业银行、农村信用合作社等吸收公众存款的金融机构及政策性银行。银行业金融机构从业人员是指按照《中华人民共和国劳动合同法》规定,与银行业金融机构签订劳动合同的在岗人员,银行业金融机构董(理)事会成员、监事会成员及高级管理人员,以及银行业金融机构聘用或与劳务派遣机构签订协议从事辅助性金融服务的其他人员。规范银行业金融机构从业人员职业操守和行为准则有利于塑造从业人员共同价值观,加强行业自律和从业人员行为管理,推动清廉金融文化建设。2020年9月7日,中国银行业协会修订了《银行业从业人员职业操守》,明晰了银行业从业人员行为规范,并将名称变更为《银行业从业人员职业操守和行为准则》。

一、银行业从业人员职业操守

银行业从业人员的职业操守涵盖以下几个方面。

(一)爱国爱行

银行业从业人员应当拥护中国共产党的领导,认真贯彻执行党和国家的金融路线方针政策,严格遵守监管部门要求,认真践行服务实体经济、防范化解金融风险、深化金融改革的任务;热爱银行业工作,忠诚金融事业,切实履行岗位职责,爱岗敬业,努力维护所在银行商业信誉,为银行业改革发展作出贡献。

(二)诚实守信

银行业从业人员应当恪守诚实信用原则,真诚对待客户,珍视声誉、信守承诺,践行"三严三实"的要求,发扬银行业"三铁"精神,谋事要实、创业要实、做人要实,通过踏实劳动实现职业理想和人生价值。

(三)依法合规

银行业从业人员应当敬畏党纪国法,严格遵守法律法规、监管规制、行业自律规范以及所在机构的规章制度,自觉抵制违法违规违纪行为,坚持不碰政治底线、不越纪律红线,"一以贯之"守纪律,积极维护所在机构和客户的合法权益。

(四)专业胜任

银行业从业人员应当具备现代金融岗位所需的专业知识、执业资格与专业技能;树立终身学习和知识创造价值的理念,及时了解国际国内金融市场动态,不断学习提高政策法规、银行业务、风险管控的水平,通过"学中干"和"干中学"锤炼品格、补充知识、增长能力。

(五)勤勉履职

银行业从业人员应当遵守岗位管理规范,严格执行业务规定和操作规程,防范利益冲突和道德风险,尽责、尽心、尽力做好本职工作。

(六)服务为本

银行业从业人员应当秉持服务为本的理念,以服务国家战略、服务实体经济、服务客户为天职,借助科技赋能,竭诚为客户和社会提供规范、快捷、高效的金融服务。

(七)严守秘密

银行业从业人员应当谨慎负责,严格保守工作中知悉的国家秘密、商业秘密、工作密和客户隐私,坚决抵制泄密、窃密等违法违规行为。

二、银行业从业人员行为规范

(一)行为守法

(1)严禁违法犯罪行为。银行业从业人员应自觉遵守法律法规规定,不得参与"黄赌毒黑"、非法集资、高利贷、欺诈、贿赂等一切违法活动和非法组织。

(2)严禁非法催收。银行业从业人员不得以故意伤害、非法拘禁、侮辱、恐吓、威胁、骚扰等非法手段催收贷款。

(3)严禁组织、参与非法民间融资。银行业从业人员不得组织或参与非法吸收公众存款、套取金融机构信贷资金、高利转贷、非法向在校学生发放贷款等民间融资活动。

(4)严禁信用卡犯罪行为。银行业从业人员不得利用职务便利实施伪造信用卡、非法套现信用卡、滥发信用卡等行为。不得为特定客户优于同等条件办理高端信用卡,提供价质不符的高端服务。

(5)严禁信息领域违法犯罪行为。银行业从业人员不得利用职务便利实施窃取、泄露客户信息、所在机构商业秘密等的违法犯罪行为。发现泄密事件,应立即采取合理措施并及时报告。违反工作纪律、保密纪律,造成客户相关信息泄露的,应当按照有关规定承担责任。

(6)严禁内幕交易行为。银行业从业人员在业务活动中应当遵守有关禁止内幕交易的规定。不得以明示或暗示的形式违规泄露内幕信息,不得利用内幕信息获取个人利益,或是基于内幕信息为他人提供理财或投资方面的建议。

(7)严禁挪用资金行为。银行业从业人员不得默许、参与或支持客户用信贷资金进行股票买卖、期货投资等违反信贷政策的行为。不得挪用所在机构资金和客户资金,不得利用本人消费贷款进行违规投资。

(8)严禁骗取信贷行为。银行业从业人员不得向客户明示、暗示或者默许以虚假资料骗取、套取信贷资金。

(二)业务合规

(1)遵守岗位管理规范。银行业从业人员应当遵守业务操作指引,遵循银行岗位职责划分和风险隔离的操作规程,确保客户交易的安全。不得打听与自身工作无关的信息,或是违反规定委托他人履行保管物品、信息或其他岗位职责。

(2)遵守信贷业务规定。银行业从业人员应当根据监管规定和所在机构风险控制的要求,严格执行贷前调查、贷时审查和贷后检查("三查")工作。

(3)遵守销售业务规定。银行业从业人员不得在任何场所开展未经监管机构或所在机构批准的金融业务,不得销售或推介未经所在机构审批的产品,不得代销未持有金融牌照机构发行的产品。不得针对特定客户非公开销售优于其他同类客户的存款产品、贷款产品、基金产品、信托产品、理财产品等。

(4)遵守公平竞争原则。银行业从业人员应当崇尚公平竞争,遵循客户自愿原则、尊重同业公平原则。在宣传、办理业务过程中,不得使用不正当竞争手段。坚决抵制以权谋私、钱权交易、贪污贿赂、"吃拿卡要"等腐败行为。

(5) 遵守财务管理规定。银行业从业人员应当严格执行所在单位的财务报销规定,组织或参加会议、调研、出差等公务活动应当严格执行公务出差住宿和交通标准。出差人员应在职务级别对应的住宿费标准限额内选择宾馆住宿,按规定登记乘坐交通工具。不得用公款支付应当由本人或亲友个人支付的费用,严禁上下级机构及工作人员之间、行内部门之间用公款相互宴请或赠送礼品,不得使用公款开展娱乐互动、游山玩水或以学习考察等名义出国(境)公款旅游等。

(6) 遵守出访管理规范。出访期间须主动接受我国驻外使领馆的领导和监督,及时请示报告。除另有规定外,严禁持因私护照出访执行公务。严格执行中央对外工作方针政策和国别政策,严守外事纪律,遵守当地法律法规,尊重当地风俗习惯,杜绝不文明行为。严禁变相公款旅游,严禁安排与公务活动无关的娱乐活动,不得参加可能对公正履职有影响的出访活动。增强安全保密意识,妥善保管内部资料,未经批准,不得对外提供内部文件和资料。

(7) 遵守外事接待规范。接待国(境)外来宾坚持服务外交、友好对等、务实节俭原则,安排宴请、住宿、交通等接待事宜根据相关规定执行。在公务外事活动中,严格遵守外事礼品赠予与接受的相关规定。

(8) 遵守离职交接规定。银行业从业人员岗位变动或离职时,应当按照规定妥善交接工作,遵守脱密和竞业限制约定,不得擅自带走所在机构的财物、工作资料和客户资源。

(三) 履职遵纪

(1) 贯彻中央八项规定、反"四风"。银行业从业人员应当严格遵守纪律要求,认真落实所在机构贯彻中央八项规定的有关制度,求真务实、勤俭节约,坚决反对形式主义、官僚主义、享乐主义和奢靡之风四种不正之风。

(2) 如实反馈信息。银行业从业人员应当确保经办和提供的工作资料、个人信息等的合法性、真实性、完整性与准确性。严禁对相关个人信息采取虚构、夸大、隐瞒、误导等行为。

(3) 按照纪律要求处理利益冲突。银行业从业人员应当按照纪律要求处理自身与所在机构的利益冲突。存在潜在冲突的情况下,应当主动向所在机构管理层说明情况。

(4) 严禁非法利益输送交易。银行业从业人员严禁利用职务便利侵害所在机构权益,自行或通过近亲属以明显优于或低于正常商业条件与其所在机构进行交易。

(5) 实施履职回避。银行业从业人员应当严格遵守有关履职回避要求。任职期间出现需要回避情形的,本人应当主动提出回避申请,服从所在机构作出的回避决定。银行业金融机构不得向特定关系人及其亲属提供高薪岗位、职务、薪酬奖励,不得针对特定关系人授予或评审职位职称。

(6) 严禁违规兼职谋利。银行业从业人员应当遵守法纪规定以及所在机构有关规定从事兼职活动,主动报告兼职意向并履行相关审批程序。应当妥善处理兼职岗位与本职工作之间的关系,不得利用兼职岗位谋取不当利益,不得违规经商办企业。银行业从业人员未经批准,不得参加授课、课题研究、论文评审、答辩评审、合作出书等活动;经批准到本单位直属或下辖单位参加上述活动的,按所在单位有关规定办理。

(7) 抵制贿赂及不正当交易行为。银行业从业人员应当自觉抵制不正当交易行为。严禁以任何方式索取或收受客户、供应商、竞争对手、下属机构、下级员工及其他利益相关方的贿赂或不当利益,严禁向政府机关及其他利害关系方提供贿赂或不当利益,严禁收、送价值超过法律及商业习惯允许范围的礼品。

(8) 厉行勤俭节约。银行业从业人员应当厉行勤俭节约,珍惜资源,爱护财产。根据工作需要合理使用所在机构财物,禁止以任何方式损害、浪费、侵占、挪用、滥用所在机构财产。

(9) 塑造职业形象。银行业从业人员在公共场合应做到言谈举止文明稳重、着装仪表整洁大方,个人形象要与职业身份、工作岗位和环境要求相称。做到身心健康、情趣高雅,积极履行社会责任。严禁通过网络等发布、传播不当言论。

(10) 营造风清气正的职场环境和氛围。银行业金融机构应按照"忠、专、实"的衡量标准,选拔任用政治过硬、素质过硬、踏实肯干的干部人才。破除阿谀奉承、拉帮结派等小圈子、小团伙依附关系,杜绝因"圈子文化"而滋生的畸形权力和裙带关系。关爱员工,严禁体罚、辱骂、殴打员工;采取合理的预防、受理投诉、调查处置等措施,防止和制止利用职权、从属关系等实施性骚扰。尊重员工权益,畅通诉求渠道,从政治思想教育、薪酬待遇、职业生涯规划、心理动态咨询等多方面帮助引导员工,在多岗位历练培养,增强员工的归属感和成就感。

三、银行业从业人员应保护客户合法权益

(一) 礼貌服务客户

银行业从业人员在接洽业务过程中,应当礼貌周到。对客户提出的合理要求尽量满足,对暂时无法满足或明显不合理的要求,应当耐心说明情况,取得理解和谅解。

(二) 公平对待客户

银行业从业人员应当公平对待所有客户,不得因客户的国籍、肤色、民族、性别、年龄、宗教信仰、健康或残障及业务的繁简程度和金额大小等其他方面的差异而歧视客户。对残障者或语言存在障碍的客户,银行业从业人员应当尽可能为其提供便利。

(三) 保护客户信息

银行业从业人员应当妥善保存客户资料及其交易信息档案。在受雇期间及离职后,均不得违反法律法规和所在机构关于客户隐私保护的规定,违规泄露任何客户资料和交易信息。

(四) 充分披露信息

银行业从业人员在向客户销售产品的过程中,应当严格落实销售专区录音录像等监管要求,按照规定以明确的、足以让客户注意的方式向其充分提示必要信息,对涉及的法律风险、政策风险以及市场风险等进行充分提示。严禁为达成交易而隐瞒风险或进行虚假或误导性陈述,严禁向客户作出不符合有关法律法规及所在机构有关规章制度的承诺或保证。

(五)妥善处理客户投诉

银行业从业人员应当坚持客户至上、客观公正原则,耐心、礼貌、认真地处理客户投诉,及时作出有效反馈。

四、银行业从业人员强化职业行为自律

(一)接受所在机构管理

银行业从业人员应当严格遵守职业操守和行为准则,接受所在机构的监督和管理。银行业金融机构应当依照法律法规和职业操守和行为准则的精神制定本单位员工具体职业行为规范,将职业操守和行为准则作为反腐倡廉建设、企业文化建设、合规管理、员工教育培训及人力资源管理的重要内容,定期评估,建立持续的员工执业行为评价和监督机制。

(二)接受自律组织监督

银行业从业人员应自觉接受银行业协会等自律组织的监督。银行业协会依据有关规定对会员单位贯彻落实职业操守和行为准则的实施情况进行监督检查和评估。

(三)惩戒及争议处理

为加强银行业从业人员行为管理,银行业协会、银行业金融机构应当健全关于员工违反职业操守和行为准则的惩戒机制。银行业协会建立违法违规违纪人员"黑名单"和"灰名单"制度。对银行业从业人员严重违法违规违纪的、严重影响行业形象造成恶劣社会影响的纳入"黑名单"管理,予以通报同业,实行行业禁入制度。对其他情节较严重的违法违规违纪人员实行"灰名单"管理制度,限制其不得任职于银行业金融机构重点部门或关键岗位。银行业金融机构应通过订立劳动合同等方式明确员工违反职业操守和行为准则应受到的惩戒内容。银行业从业人员对所在机构的惩戒有异议的,有权按照正常渠道反映和申诉。

(四)高管规范

银行业高级管理人员应当带头遵守、模范践行职业操守和行为准则,并通过"立规矩、讲规矩、守规矩"以上率下,在战略制定和绩效管理等工作中融入职业操守和行为准则考量,管好关键人、管到关键处、管住关键事、管在关键时,全面推动所在机构营造爱国爱行、诚实守信、专业过硬、勤勉履职、服务为本的良好从业氛围和工作环境。

第二节 证券从业人员职业道德

2020年8月,中国证券业协会发布《证券从业人员职业道德准则》,从以下九个方面提出了证券从业人员应当遵守的基本要求:敬畏法律,遵纪守规;诚实守信,勤勉尽责;守正笃实,严谨专业;审慎稳健,严控风险;公正清明,廉洁自律;持续精进,追求卓越;爱岗敬业,忠于职守;尊重包容,共同发展;关爱社会,益国利民。2024年5月,中国证券业协会修订《证券从业人员职业道德准则》,旨在进一步适应新形势、新任务、新要求,引导证券从

业人员珍惜职业声誉、恪守职业道德。本次修订在与中国特色金融文化保持一致的基础上，尊重行业特点，形成具有证券行业特色的道德准则以及针对证券从业人员的特定展业要求。新修订的准则一共六条，前五条与"五要五不"保持一致，第六条为"尊重包容，共同发展"。所谓"五要五不"是指：诚实守信，不逾越底线；以义取利，不唯利是图；稳健审慎，不急功近利；守正创新，不脱实向虚；依法合规，不胡作非为。

一、诚实守信，不逾越底线

从业人员应坚守契约精神，忠诚正直、言而有信，切实履行信义义务，持续提升专业能力，秉持工匠精神，充分履行尽职调查、适当性管理等职责，真实、准确、完整地披露相关信息，忠于所在机构，认真做好本职工作，为客户及其他利益相关方提供优质服务，自觉抵制弄虚作假、误导欺骗等行为，不玩忽职守，不逾越底线。

二、以义取利，不唯利是图

从业人员应树立正确的义利观，坚持以人民为中心的价值取向，正确处理整体利益和个体利益、客户利益和机构利益的关系，自觉维护国家利益和金融安全，遵守公序良俗，坚守职业道德，珍视行业声誉与职业声誉，自觉践行社会责任，树立良好社会形象，不见利忘义，不唯利是图。

三、稳健审慎，不急功近利

从业人员应牢固树立正确的经营观、业绩观、风险观，把握好发展与安全、当前与长远的关系，稳中求进，审慎执业，积极学习借鉴有益经验，不断提高风险识别、应对和化解能力，主动履行风险报告义务，严防执业过程中因不当行为带来的各类业务风险，自觉抵制侥幸心理与短视行为，不盲目冒进，不急功近利。

四、守正创新，益国利民，不脱实向虚

从业人员应完整、准确、全面贯彻新发展理念，坚守业务本源，以守正为前提推动创新，积极参与科技金融、绿色金融、普惠金融、养老金融、数字金融建设，自觉保护投资者特别是中小投资者的合法权益，满足人民群众日益增长的财富管理需求，不故步自封，不脱实向虚。

五、依法合规，不胡作非为

从业人员应牢固树立依法合规、遵德展业理念，敬畏法纪，遵从宪法，严格遵守法律法规、监管规制、行业自律规范以及所在机构的规章制度，自觉接受监管和自律管理，始终坚持廉洁从业，在开展业务及相关商业活动中，保持清爽规矩的共事关系、客户关系、监管关系，自觉抵制直接或者间接向他人输送、谋取不正当利益的行为，不违法乱纪，不胡作非为。

六、尊重包容，共同发展

从业人员应恪守职业操守，规矩做事、踏实做人，尊重客户、合作伙伴、竞争对手及社会公众等利益相关方，尊重和包容不同的意见及文化、语言、专业等背景差异，不偏不倚，客观公正地为投资者及其他利益相关方提供服务，共同营造没有歧视和偏见的行业发展环境，做有格局、有担当、令人尊重的从业人员。

第三节 基金行业职业道德规范

证券投资基金行业从业人员是金融市场的重要参与者，他们的职业道德建设对于维护市场秩序、保护投资者权益、促进行业健康发展具有重要意义。证券投资基金行业从业人员职业道德建设对维护市场秩序、保护投资者权益至关重要。相关部门需要通过明确规范、加强自律、提高专业素养、强化风险管理、建立内部监督机制、加强交流与合作、参与公益活动等方式，推动职业道德建设的深入发展，为行业健康发展提供保障。

一、加强自律，提高专业素养

（一）专业胜任

基金管理人应当根据法律法规、自律规则（以下简称相关规则）、行业特点和业务发展，配备足够的具有符合相关业务技能、经验的人员，以及与业务相适应的软硬件设施，建立、健全投资、研究、交易、销售、运营、合规、风控等各个业务环节的管理制度，制定合理、长期的投资绩效考核机制和其他经营管理机制，不断提高包括投资研究能力、合规风控能力和运营能力在内的综合经营管理能力，妥善有效履行受托职责。

基金从业人员应当具备与岗位要求相适应的专业知识技能，定期参加协会和基金管理人组织的后续职业培训，保持和提高专业胜任能力。

（二）防范利益冲突与利益输送

基金管理人及从业人员应当时刻以保护基金份额持有人利益为根本出发点，尽力避免和防范利益冲突。当利益冲突发生时，应当优先保障基金份额持有人的利益。

基金管理人应当依法合规运用基金财产，根据相关规则和基金合同收取或列支费用；基金管理人和从业人员不得利用基金财产为基金份额持有人以外的人牟取利益。

基金管理人应当建立、健全关联交易、公平交易等各项制度，制定并完善关联方识别、关联交易价格确定等事项的标准和流程，不得向第三方输送利益，不得在不同资产组合之间输送利益。基金管理人应当公平对待所管理的不同资产组合，通过集中交易、公平交易等制度，确保不同资产组合获得平等的投资、交易机会。基金管理人应当加强对从业人员的利益冲突管理，建立并完善相关制度。

基金从业人员不得利用职务之便为自己或他人获取不当利益。基金从业人员应当严格遵守法律法规有关兼职的规定，禁止违规从事营利性经营活动，违规兼任可能影响其独立性的职务或者从事与所在机构或者投资者合法利益相冲突的活动。

（三）守法合规

基金管理人及从业人员应当高度重视守法合规，树立合规经营的理念，倡导和推进合规文化建设。基金管理人应当通过法规培训等形式培养员工合规意识；建立、健全各项规章制度、业务流程，切实落实各项法律法规要求；通过合规检查、合规考核、合规问责等机制确保各项业务在合规守法的基础上开展。基金从业人员应当自觉加强法律法规学习，认真领会法规精神和要求，提高合规意识，自觉主动抵制、杜绝违法违规行为。

基金管理人和从业人员应当坚决杜绝内幕交易行为和利用未公开信息交易行为。基金管理人应当建立、健全涵盖事前、事中、事后，包括董事、监事、高级管理人员，以及投资、研究和交易等部门相关人员在内的全方位、多层次的内幕交易防控机制；建立并不断完善内幕信息报告、知情人登记和保密等规章制度；应当参照内幕交易防控机制，建立、健全针对基金投资交易、收益分配等未公开信息的识别、管控机制，建立并完善内部信息保密、个人投资申报、合规检查和考核追责等规章制度。

基金从业人员特别是投资、研究、交易人员应当加强对内幕交易的含义、特征、危害、法律责任等法律知识的学习，在执业过程中，自觉、严格遵守信息隔离等相关制度，主动识别内幕信息，发现可能为内幕信息的，应当及时按照所在机构的规定流程进行报告，不得从事或协同他人从事内幕交易；应当全面深入了解未公开信息的范围、性质，主动抵制、杜绝利用未公开信息进行交易。基金从业人员、配偶、利害关系人进行证券投资的，应当严格按照法律法规和所在机构的规章制度向所在机构进行申报。

基金管理人和从业人员应当遵守有关投资交易限制的相关规定，不得利用资金优势、持股优势和信息优势，单独或合谋影响证券交易价格或者交易量，或通过其他法律法规禁止的形式操纵市场。基金管理人应当建立异常交易行为的跟踪监测、分析和报告机制，防范操纵市场等行为。

（四）廉洁从业

基金管理人应当重视廉洁从业文化建设，建立、健全并有效落实廉洁从业的制度规范，强化内部管理、监督和问责机制；将廉洁从业风险管理纳入公司全面风险管理体系，加强全业务流程和全员廉洁从业风险防范；将廉洁从业情况作为基金从业人员任用考量因素，纳入人员管理体系；强化财务纪律，业务活动中产生的费用支出严格遵守公司的内部决策流程和具体标准；指定专门部门定期或不定期对公司及从业人员的廉洁从业情况进行监督检查；加强对廉洁从业法律法规及公司内部廉洁从业相关制度规范的培训，开展形式多样的廉洁从业教育和警示活动，提高从业人员廉洁意识。

基金从业人员应树立良好的世界观、人生观、价值观和利益观，依法合规取得报酬或收入，在开展基金业务及相关活动中，严守廉洁从业底线，不得谋取不正当利益，不得向公职人员、客户、正在洽谈的潜在客户或其他利益相关方输送不正当利益。

（五）严格管理公开发表言论

基金管理人应当建立对外公开发表言论的制度和流程，规定可以对外发表言论的人员、审批流程、审核内容、监测机制等，并根据具体业务的变化对制度流程不断修订完善；

加强对外言论规范的培训,定期或不定期对公司及从业人员的对外言论情况进行监督检查和监测,发现问题及时处理并整改。

基金从业人员在公开媒体上发表与业务有关的文章、接受媒体采访、参加各种公开的宣传活动,应当严格遵守法律法规要求及公司内部有关规定。基金从业人员不得擅自代表公司对外发表有关言论、接受采访,或以公司名义参加与业务有关的各种公开宣传活动;不得以个人身份发表与公司业务相关的外部言论。

二、明确规范,强化风险管理

(一)真实、准确、完整、及时进行信息披露

基金管理人应当保证信息披露事项真实、准确、完整、及时、简明和易得,不得有虚假记载、误导性陈述或者重大遗漏等行为;应当建立健全信息披露内控保障机制,制定严格的信息披露制度和流程,加强对未公开披露信息的管控。

基金从业人员应当严格遵守法规及公司制度规范要求,不得在未经过审批程序前擅自对外泄露任何有关公司及公司所管理产品的未公开披露信息,或利用这些信息谋取不正当利益。

(二)公平合理收费

基金管理人在开展业务过程中,应当根据法律法规及行业情况,针对不同产品设定合理、公平、科学的基金费用结构和费率水平;及时、准确、完整地披露基金产品的费用信息,在费用计提标准、计提方式和费率发生变更时,及时进行披露,接受行业及公众对费用合理情况的监督;努力提高客户服务水平,为社会提供高质量的资产管理服务。

基金从业人员应当公平、合法地开展业务,按照基金合同、招募说明书等法律文件的规定收取相关费用,不得收取其他额外费用;未经招募说明书载明,不得对不同投资者适用不同费率,自觉抵制无序竞争行为。

(三)合规开展宣传推介

1. 完善制度建设,规范审批流程

基金管理人应当根据宣传推介相关规则制定严格的宣传推介制度和流程,并根据具体业务需要对制度和流程进行修订完善。

基金从业人员应当严格按照法律法规、规范性文件及公司制度要求开展宣传推介工作,宣传推介材料需按照有关制度和流程规定经审核后对外发布。

2. 审慎开展宣传推介活动

基金管理人和从业人员应当珍视社会公众和投资者的信任,在宣传推介活动中做到专业、诚信、合规,以引导投资者树立正确的理财观念为目的。宣传推介形式严禁娱乐化,内容不得与国家相关精神、社会公序良俗相违背。

3. 加强从业人员培训和教育

基金管理人应加强对宣传推介相关法律法规及公司内部相关制度的培训,持续开展宣传推介合规培训和教育活动,确保其从业人员熟悉宣传推介的相关规定。基金从业人

员应积极参加宣传推介合规培训和教育活动,及时学习了解和落实最新合规规定。

4. 加强监督检查

基金管理人合规管理部门应定期或不定期对公司及从业人员的宣传推介合规情况进行监督检查,发现问题及时提出整改意见。基金从业人员应积极配合合规管理部门的检查,发现问题及时处理并整改。

(四)深入落实投资者适当性管理

1. 全面深入了解投资者

基金管理人应建立健全相关制度流程全面了解投资者情况,识别评估投资者的风险识别能力、风险承受能力、投资目标等,明确普通投资者与专业投资者认定规则及转化的具体程序、资料等要求,并有效落实执行。定期对投资者风险承受能力进行再评估,发现投资者风险承受能力可能产生重大变化的,应当及时启动评估并调整投资者分类。

基金销售人员应了解投资者身份基本信息、财务状况、投资经验和投资目标、风险偏好及可承受的损失等相关信息,核查投资者投资资格,对投资者进行分类管理。如投资者不按规定提供信息或提供的信息不符合要求,销售人员应拒绝提供服务。在投资者进行风险测评时,销售人员不得通过诱导、误导等方式进行干扰,影响投资者测试结果。

2. 科学、合理进行产品和服务的风险评级

基金管理人应对产品或服务制定评级管理制度,明确划分风险等级的考虑因素,委托第三方机构提供基金产品或者服务风险等级划分的,应当要求其提供风险等级划分方法及其说明。基金管理人应将基金产品或者服务风险等级划分方法及其说明通过适当途径告知投资者。基金销售机构对基金产品的风险等级划分不得低于基金管理人对该基金产品的风险等级划分。对于可能存在本金损失、流动变现能力较差、结构复杂难以理解等因素的产品或服务,应当审慎评估其风险等级。

基金管理人还应建立长效机制对基金产品或者服务的风险等级持续评价更新。当基金产品或者服务信息发生变化时,应及时重新评估其风险等级。

3. 做好投资者适当性匹配

基金管理人应制定普通投资者与基金产品或者服务适当性匹配的方法,在普通投资者风险承受能力类型与产品或服务风险等级之间建立合理对应关系,同时应规定适当性匹配的操作程序、禁止行为等,明确各个岗位在执行投资者适当性管理过程中的职责,保障将适当的产品或服务提供给适合的投资者。

基金销售人员应在充分了解投资者风险承受能力以及产品或服务风险等级的基础上出具适当性匹配意见,如普通投资者主动要求购买与之风险等级不匹配的产品或者服务,销售人员在确认其不属于风险承受能力最低类别投资者后,应进行特别警示,经投资者确认并明确作出愿意自行承担相应不利结果的意思表示后,可向其销售相关产品或者提供相关服务。

4. 充分告知及风险揭示

基金管理人应在销售过程中设置信息告知及风险揭示环节,通过简明易懂的文字或

语言向投资者告知、警示产品或服务的特点及风险,提醒投资者选择合适产品、审慎投资决策,并做好相应留痕管理。

基金销售人员在向普通投资者销售产品或提供服务前,应当充分告知相关信息及可能存在的风险,针对高风险产品还应履行特别注意义务和风险揭示。告知、警示的内容应当真实、准确、完整,不得存在虚假记载、误导性陈述或者重大遗漏,同时应按规定妥善留痕。

5. 持续跟踪服务、回访及投诉处理

基金管理人应树立"以投资者为中心"的服务理念,加强对投资者的持续跟踪服务,制定投资者或产品、服务信息变化后调整投资者分类、产品或服务评级以及适当性匹配意见等的操作程序和工作要求,持续完善投资者适当性制度。同时应建立健全普通投资者回访、投资者投诉处理制度流程,及时了解投资者诉求、准确记录投诉问题并妥善处理,核查跟踪异常情况,切实保障投资者合法权益。

基金销售人员应及时提醒投资者更新相关信息及风险测评情况,当投资者风险承受能力或产品、服务的风险评级发生变化导致投资者所持产品或者服务风险不匹配的,销售人员应及时将不匹配情况告知投资者,并给出新的匹配意见。基金销售人员应按相关规定做好投资者回访及投诉处理工作。

(五)审慎、专业开展投资研究

1. 独立、客观进行研究

基金管理人应建立科学、有效的研究方法和严谨的研究工作流程,加强研究对投资决策的支持,防止投资决策的随意性。研究部门主导负责投资对象备选库的建立、维护,以形成对投资的支持和制约。

投资研究人员在开展投资调研工作中,应当理性专业、谨慎勤勉,制订科学的调研计划,周密准备、精心安排、全面了解、深入分析,通过对事前、事中、事后以及调研报告的撰写等各个环节的把控,提升调研质量;应当充分发挥买方作用和价值发现功能,谦逊务实、敬畏市场、尊重企业家精神,通过审慎调研摸清市场运作规律与机理,消除信息不对称,挖掘、识别优秀企业;应当从投资者利益出发,自觉防范利益冲突与利益输送,遵守廉洁从业相关规定,避免商业贿赂行为,在调研过程中不得直接或间接接受礼金、旅游服务等各种形式的利益;应当严格遵守内幕交易防控制度,对内幕信息不打探、不泄露、不利用,根据法规及公司要求做好研究报告的管理、保存和使用;杜绝联合上市公司等机构利用信息优势操纵市场等行为。

研究员在向基金经理提供投资建议时,应具有充分的事实和数据支持,作出客观、专业的独立分析判断,不凭主观臆断,不盲从,严禁在他人的授意或干扰下提供虚假的研究信息或意见建议。

2. 审慎、规范进行投资

基金管理人应明确投资决策流程与授权管理制度,明确界定投资决策委员会、投资总监、基金经理等各投资决策主体的职责和权限。投资决策委员会和投资总监等管理机构和人员不得对基金经理在授权范围内的投资活动进行干预。

基金经理应严格遵守法律法规和基金合同的有关规定，在授权范围内自主决策，审慎规范、勤勉尽责地管理基金，为投资者谋求最大利益。投资决策应有充分的投资依据，严禁利用内幕信息作为投资依据，超出授权范围的投资，应当按照公司制度履行批准程序，确保投资行为依法合规。

3. 科学、合理进行风险监测分析与投资管理业绩评估

基金管理人应建立健全投资风险控制机制，配备专门人员和有效的系统，区分不同类型产品，科学合理设置相关指标、模型和规则，对市场风险、信用风险、流动性风险等进行监测、分析、评估、报告，加强压力测试管理，并制定相应的风险处置预案。基金经理是相应资产组合风险管理的第一责任人，应牢固树立内控优先和风险管理理念，加强法律法规和公司规章制度培训学习，增强风险防范意识，严格执行法律法规、公司制度、流程等相关规定。

基金管理人应建立科学的投资管理业绩评价体系，科学、客观、合理评价基金投资管理绩效。对基金经理的评价和考核应当体现基金财产运用注重长期投资、价值投资、控制风险等特点。

（六）规范、高效执行交易

基金管理人应当建立严格有效的制度，确保投资与交易相互分离，基金经理不得直接进行交易；禁止通过任何方式在不同资产组合之间或向其他任何主体进行利益输送；防止不正当关联交易损害基金持有人利益，基金投资涉及关联交易的，应遵守法律法规、基金合同的相关规定，重大关联交易应按要求进行相应的信息披露。

交易员在收到投资指令后，应及时、准确、规范、高效地执行投资指令，并应确保不同资产组合得到公平对待、各资产组合享有公平的交易机会。投资指令还应当按照相关规定和公司制度进行审核，确认其合法、合规后方可执行，如交易员发现指令违法违规或者存在其他异常情况，应当及时报告或反馈给相应部门与人员。

交易执行应以投资者的利益最大化为目标，争取投资指令以最佳条件执行，力求交易成本最小化，确保交易质量。

三、审慎勤勉，维护行业声誉

（一）审慎勤勉对待客户信息和账户、资产

1. 审慎勤勉对待客户信息

基金管理人应根据法律法规建立客户信息收集、使用及其相关活动的工作流程和管理制度，确定各部门、岗位和分支机构的客户信息安全管理责任，按照"最小须知"原则对从业人员实行权限管理，并采取相应的防泄露措施。

基金从业人员应严格按照法律法规和公司制度收集、存储、传递和使用客户信息，并对客户信息严格保护，不得窃取或者以其他非法方式获取客户信息，不得泄露、出售或者非法向他人提供客户信息。

2. 审慎勤勉对待客户账户、资产

基金管理人应建立完善的资产分离制度，确保基金资产与公司资产、不同基金的资产

和其他委托资产之间相互独立运作，分别核算。

基金管理人应按照法律法规和基金合同约定，采取合理的估值方法和科学的估值程序，公允反映投资品种在估值时点的价值，保持估值程序和技术的一致性；并应加强极端情况下的估值管理，适时采取暂停基金估值、摆动定价等措施。

基金份额登记结算机构应严格按照法律法规、基金合同以及业务规则相关规定办理登记结算业务，确保基金份额登记过户、存管和结算业务处理安全、准确、及时、高效。

（二）认真履行反洗钱、反恐怖融资、反逃税义务

基金管理人应当建立健全洗钱风险管理体系，以及反恐怖融资和反逃税工作机制。按照规定将反洗钱义务要求嵌入合规管理、内部控制制度，持续、认真开展客户尽职调查工作，合理、审慎评定客户风险等级，持续、全面开展监控名单监测工作，建立完善可疑交易报告机制，开展反洗钱培训和宣传等工作；提高洗钱、恐怖融资和逃税风险的管控有效性，积极维护行业声誉、维持经济秩序稳定和金融安全。

基金从业人员应当积极主动学习反洗钱、反恐怖融资和反逃税的相关规则；在执业过程中坚守反洗钱合规底线，提升洗钱风险防范意识，认真履行反洗钱工作职责。

（三）强化系统安全与信息管控

1. 健全系统安全管理

基金管理人应建立健全信息技术系统开发、运行、维护、数据治理、权限管理、安全管理等制度流程，将信息技术运用情况纳入合规与风险管理体系，信息技术资源的配备应当与业务活动规模、复杂程度相适应，并建立相应的审查、监测和检查机制，确保合规与风险管理覆盖信息技术运用的各个环节。同时，应建立信息技术应急管理的组织架构，确定重要业务及其恢复目标，制定应急预案，配置充足资源，稳妥处置信息技术突发事件，并积极开展应急演练和信息技术应急管理的评估与改进。

基金管理人应当对重要信息系统的开发、测试、运维实施必要分离，保证信息技术管理部门内部岗位的相互制衡。信息技术系统的设计、软件开发等技术人员不应介入实际的业务操作。

2. 加强信息管控

基金管理人应当依据相关规则制定有关信息传递和信息保密的制度，并采取有效措施，防止未公开信息在公司及子公司之间或不同业务之间的不当流动，防范内幕交易和利益输送行为。

基金管理人应完善网络隔离、用户认证、访问控制、变更控制、数据加密、数据备份、数据销毁、日志记录、病毒防范和非法入侵检测等安全保障措施，保护经营数据和客户信息安全，防范信息泄露与损毁。

基金从业人员应按规定谨慎保管、处置和传递密级信息、认真落实各项信息保密措施，不得泄露任何基金份额持有人资料和交易信息，不得泄露因工作便利获取的内幕信息或其他未公开信息，不得泄露在执业活动中所获知的各相关方的信息及所属机构的商业秘密，更不得利用上述信息为自己或他人及任何机构谋取不正当利益。

（四）维护行业良好声誉，共筑良好行业文化

1. 厚植行业文化，构建有特色的企业文化

基金管理人应当将"合规、诚信、专业、稳健"的行业文化理念厚植于公司经营管理全过程，探索、建设和持续完善有特色的公司企业文化体系，共同珍惜和维护基金行业良好声誉，促进形成可持续发展的基金行业生态链。

2. 公平竞争，尊重包容，共同发展

基金管理人和从业人员应当在开展业务过程中遵守公开、公平、公正原则，自觉抵制商业贿赂和不正当竞争行为，共同营造公平竞争环境。

基金管理人、基金从业人员之间应当互相尊重包容，同时尊重客户、合作伙伴、竞争对手及社会公众等利益相关方，尊重和包容不同的意见及文化、语言、专业等背景差异，共同营造没有歧视和偏见的行业发展环境和氛围。

鼓励基金管理人及从业人员之间相互交流学习、良性竞争，并根据自身特点，采取差异化的发展策略、投资策略，共同为广大基金份额持有人创造价值。

基金管理人、基金从业人员不得发表贬低、诋毁、损害同业机构及同业人员声誉的言论，不得捏造、传播有关同业机构及同业人员的谣言，或对其他从业人员进行人身攻击、侮辱、诽谤、恐吓等行为。

3. 忠于职守，恪守诚信，爱岗敬业

基金从业人员应当爱岗敬业、忠于职守，自觉遵守相关规则和所在机构的各类规章制度，自觉保守国家秘密、所在机构的商业秘密，保护知识产权，保护并合理使用所在机构资产，及时报告与所在机构存在的或潜在的利益冲突，自觉避免损害所在机构合法权益的行为。

4. 遵守社会公德，提升个人道德修养

基金从业人员应当遵守社会公德，提升个人道德修养，端正工作作风和生活作风，注重个人品行，遵守社会公德和家庭美德，自觉维护行业声誉、公司声誉和个人声誉，谨言慎行，不得在公共场所实施不当行为，不得在公开场合、自媒体平台等各类公共网络平台等发表不当言论，不得违背社会公序良俗。

5. 培育长期投资、价值投资、责任投资理念

基金管理人和从业人员应当从行业根本价值和社会长远需求出发，坚持"长期投资、价值投资、责任投资"理念。基金管理人应当建立长效激励机制和制度安排，不得短期激励、过度激励；鼓励基金管理人践行ESG投资策略，关注环境、社会责任和公司治理因素，积极建立ESG投资的长效机制。

基金管理人应当注重员工公益理念培植，鼓励员工积极参与普惠金融、扶贫助学、投资者教育以及其他公益性活动，倡导机构和从业人员承担更多的社会义务和责任。

基金管理人应当倡导"绿色办公、低碳生活"的理念，营造节能降耗的良好氛围，降低公司运营成本，保护和改善环境。

基金管理人应当树立"以人为本"的经营理念，关心关爱所在机构的员工，增强员工的归属感、安全感和获得感。

第四节 保险从业人员行为准则

保险从业人员是指经中国保险监管机构批准、在中国境内从事保险及其有关业务的各类保险机构和保险中介机构的员工及其代理制营销员。中国保险行业协会根据《保险从业人员行为准则》(2009年2月)于2009年9月正式发布《保险从业人员行为准则实施细则》。

一、保险从业人员基本行为准则

(1) 遵纪守法,服从监管,执行自律规则,遵守所在机构规章制度。不得违法违规,不得损害保险业形象。

(2) 重合同,守信用,恪守最大诚信原则,珍惜和维护保险从业人员职业声誉。

(3) 举止文明,谦逊有礼,坚持客户至上,认真履行保险监管机构、行业自律组织、所在机构制定的各项服务规范和承诺。

(4) 热爱工作,竭诚服务,维护所在机构利益和形象。不得玩忽职守,严禁参与承保欺诈、骗赔、多赔等活动。

(5) 勤于学习,精通业务,获得岗位所需要的资格认证,积极参加保险监管机构、行业自律组织、所在机构组织的专业知识和职业操守培训,提高专业胜任能力。

(6) 加强修养,严于律己,自觉执行廉洁从业各项规定。不得利用职务和工作之便牟取不正当利益。

(7) 应保护所在机构商业秘密,遵守与其签订的保密和竞业禁止协议。不得擅自披露业务信息及客户资料。

二、保险机构高级管理人员行为准则

(1) 坚持科学发展,防范化解风险,维护客户利益,统筹兼顾股东利益、机构利益及员工利益。

(2) 不断提高管理能力,避免决策和管理失误。不得推卸对因本机构出现的问题应承担的管理责任。

(3) 倡导客户至上的经营理念,鼓励开发适合人民群众需求的保险产品。不得采用明示或暗示手段,唆使或纵容从业人员从事有损投保人、被保险人和受益人合法权益的行为。

(4) 高度重视保险理赔工作,努力提高理赔服务质量。对属于保险责任的理赔案件,应在规定时限内及时赔偿或给付;对不属于保险责任的,应在规定时间内及时通知。不得刁难客户,不得惜赔、拖赔、欠赔,更不得应赔不赔、无理拒赔。

三、保险销售、理赔和客户服务人员行为准则

(1) 主动出示展业证或执业证书等有效证件,使用所在机构统一印制的宣传资料。

不得自行手写、印制、变更所在机构的宣传资料,不得使用或传播其他不合规的宣传资料。

(2) 应根据客户的需求和经济承受能力推荐合适产品。在客户明确拒绝投保的情况下,不得强行继续向客户推销,干扰客户的正常工作和生活。

(3) 客观、全面、准确地履行产品和服务的说明义务,代理机构代理保险业务应明确说明销售产品的经营主体,确保客户知晓其所购买保险产品的完整内容,对分红保险、投资连结保险、万能保险等投资产品应明确说明其费用扣除情况和投资风险及收益的不确定性。不得有虚假陈述、隐瞒真相、误导客户、违规承诺等行为。

(4) 加强客户回访和跟踪服务,协助客户进行客观、公正、及时理赔。所在机构对客户提出赔偿或者给付保险金请求作出拒赔决定的,应将所在机构出具的拒绝赔偿或者拒绝给付保险金通知书及时送交客户,并说明理由。

四、公平竞争准则

保险从业人员应做到同业互尊,同业互助,增进交流。不得以不正当手段招徕其他保险机构在职从业人员。从业人员严禁发生以下不正当竞争行为:①采用不实宣传或易引起误解方式自我夸大或者损害其他同业声誉;②贬低或诋毁其他机构、从业人员、保险产品,或利用保险监管机构的处罚决定攻击同业;③向客户给予或承诺保险合同约定以外的保险费回扣或者其他利益;④在未经保险监管机构核准的区域开展业务或采取其他不正当手段开展业务;⑤以排挤竞争对手为目的,擅自降低保险费率或高于行业自律标准支付手续费。

第五节 金融领域科技伦理规范

金融领域从业机构在开展科技活动时需要遵循守正创新、数据安全、包容普惠、公开透明、公平竞争、风险防控和绿色低碳等7个方面的价值理念和行为规范。金融科技是指技术驱动的金融创新,金融科技的核心是持牌金融机构在依法合规前提下运用现代科技成果改造或创新金融产品、经营模式、业务流程等,推动金融发展提质增效。科技伦理是指金融领域从业机构开展科学研究、技术开发等科技活动需要遵循的价值理念和行为规范。

一、守正创新

(一) 履行伦理治理主体责任

建立健全伦理管理组织架构与制度规范,探索设立企业级科技伦理委员会,完善科技伦理审查、信息披露等常态化工作机制,压实各方职责,做好金融科技活动的审查、批准与监督,提前预防、有效化解金融科技活动伦理风险,严防技术滥用、误用。

(二) 落实金融持牌经营要求

坚持金融科技的本质是金融,涉及金融业务的按照相关规定取得金融牌照和资质,规范开展经营活动,杜绝以"科技创新"的名义模糊业务边界、交叉嵌套关系、层层包装产品、实施无证经营或超范围经营等行为。

(三)践行服务实体经济使命

回归金融本源,以服务实体经济为出发点和落脚点,运用数字技术深化金融供给侧结构性改革,强化金融服务功能,找准金融服务重点,为实体经济提供更高质量、更有效率的金融服务,把更多金融资源配置到实体经济发展的重点领域和薄弱环节,助力提高经济质量效益和核心竞争力。

(四)秉持科技赋能金融定位

秉持"金融为本、科技为器"原则,坚持科技为金融赋能的定位,划定金融机构与科技公司的合作边界,由金融机构直接提供金融服务,由科技公司为金融机构提供技术支持,做到互促共进,有效隔离金融风险与科技风险。

(五)坚守诚信履约行为准则

恪守科学道德准则、遵守科研活动规范、践行科研诚信要求,追求真理、实事求是,独立、客观、公正开展工作,尊重他人知识产权,自觉抵制科研不端行为。诚信经营、珍视声誉、信守承诺,避免投机行为、失信行为,助力营造良好的金融科技发展环境。

(六)严格恪守依法合规底线

强化底线意识、责任意识,在开展金融科技创新过程中严格遵守现行法律法规、部门规章和规范性文件等,杜绝以"创新"之名突破现行规定,严防利用科技手段从事不法活动。

(七)切实维护各方合法权益

主动承担金融消费者权益保护责任,积极履行金融消费者权益保护义务,遵循自愿、平等、公平、诚信原则向金融消费者提供金融产品和金融服务。充分尊重并保障员工、客户、其他经营主体等相关方的隐私、自由、尊严、安全等权利及其他合法权益,更好促进经济繁荣、社会进步与可持续发展。

二、数据安全

(一)充分获取用户授权

在采集、处理用户数据前以显著方式真实、准确、完整地向用户明示采集、处理相关数据的目的、方式、范围及期限。基于用户个人同意处理个人信息的,提前取得用户明确授权,并为用户修改授权、撤回授权等提供便捷有效的途径。涉及向其他处理者提供个人信息、公开处理个人信息、处理敏感个人信息等情况的,取得用户的单独同意。不通过误导、欺诈、胁迫等方式采集、处理用户数据,不隐瞒产品服务所具有的处理用户数据的功能,避免因用户不同意采集非必要的数据而拒绝相应的产品和服务。

(二)最小必要采集数据

采取合法、正当的方式采集用户数据,确保采集目的的明确、合理。将采集内容、频率和数量控制在实现处理目的的最小范围,使采集信息的方式对用户权益影响最小,防止过度采集数据。加强数据来源管理,确保数据的合法性、完整性、真实性、准确性,避免通过非正当手段获取、使用数据。

（三）专事专用使用数据

秉持"专事专用"原则，履行与数据主体的约定义务，遵循既定目的、范围、处理方式处理个人信息和重要数据，避免数据超范围使用。当数据的处理目的、处理方式和种类发生变更时，通过重新明示相关信息、取得用户明确同意等方式，做到"用途明确，范围可控"。

（四）严格采取防护措施

建立健全数据安全防护长效机制，做好数据分类分级管理并采取常态化防护措施，提升数据保密性、完整性、准确性，严防隐私泄露、数据逆向追踪、数据篡改等，切实保护数据主体权利不受侵害。

（五）依法合规共享数据

在依法合规的前提下稳妥有序推动数据资源安全共享，不设置不合理的限制，不妨碍其他市场主体公平获取数据。在共享数据过程中充分尊重并保障数据主体知情权等合法权益，采取有效措施确保数据接收方按照约定目的、范围、处理方式处理个人信息和重要数据，防止不当使用数据。

（六）主动清理留存数据

建立健全数据清理机制，明确清理的对象、流程、方式和要求。对于已实现处理目的或达到存储期限的个人信息，及时、妥善进行销毁或匿名化处理，并确保不能通过直接或间接的方式被非法识别获取。

三、包容普惠

（一）提倡包容性设计

将伦理治理嵌入金融科技产品服务设计与实现过程中，充分考虑语言、文化、性别、年龄等因素，以直观简洁的设计、人性化的交互方式提供"有温度"的服务，避免对"最不利者"造成不便和障碍，切实提升金融服务可得性、易用性和安全性。

（二）防止不公平歧视

公平、公正地对待不同社会群体，消除歧视性标签、数据代表性不足、模型偏差等负面因素，降低数据驱动、算法驱动决策导致的不公平结果，及时消除主观因素或客观因素导致的歧视、偏见，提升技术应用的公平性、普惠性和非歧视性，坚决抵制利用技术优势从事算法歧视、大数据杀熟等不当行为。

（三）履行无障碍义务

充分考虑农村与偏远地区居民、老年人、残障人士、少数民族等群体的需求，运用数字技术针对性地优化金融服务体验及流程，因人而异提供大字版、语音版、民族语言版、简洁版等无障碍金融产品服务，建立"容错型"产品交互机制，着力弥合因智能技术运用困难导致的数字鸿沟问题，不断提升金融服务的深度、广度和温度。

四、公开透明

（一）充分披露产品服务信息

在开展金融科技创新过程中，通过公示、自声明、用户明示等方式，按照国家及金融行业有关制度、标准，及时、有效、准确地披露创新产品和服务的主要功能、技术应用、潜在风险、补偿措施、投诉机制等信息，为监管部门实施穿透式监管、行业组织进行自律管理、消费者作出理性选择提供支撑。

（二）做好消费者适当性管理

充分了解用户的真实金融需求，客观全面衡量用户风险偏好和风险承担能力，确保提供的金融科技产品服务与用户的财务状况、投资目标、知识经验、风险承受能力等相匹配，不隐瞒不利信息、不"劝诱"销售产品，不利用信息不对称将高风险产品服务推荐给低风险承受能力的用户。

（三）自觉主动接受外部监督

设立畅通的投诉、建议渠道，在金融科技相关产品和服务研发和运营过程中有效征求和吸收各利益相关方意见。主动接受外部监督，积极回应金融管理部门、行业组织与社会公众对金融科技伦理的关切，严格遵守行业自律公约和业务操作守则。

（四）强化科技伦理宣贯教育

营造求真向善的创新氛围，将科技伦理深度融入产品研发、业务运营、市场营销、日常培训、科研实践等环节，引导从业人员主动学习科技伦理知识、提升科技伦理素养，自觉抵制违背科技伦理要求的行为。积极开展面向社会公众的科技伦理宣传与交流，引导公众自觉提升科技伦理意识。

五、公平竞争

（一）严防滥用数据与流量

尊重并维护公平的市场竞争秩序，严防过度采集和滥用数据资源，不可利用数据、流量等优势从事垄断经营、不正当竞争等行为，不可通过影响用户选择等方式妨碍、破坏其他经营者合法提供金融科技产品服务，切实保障相关方的合法权益。

（二）公平公正使用智能算法

以增进人民福祉为目的，遵守公平、公正、透明的原则，运用智能算法帮助相关方作出更好、更明智的选择，不运用算法优势减少、限制各方选择机会，不可误导用户作出可能损害自身利益的选择。杜绝运用算法从事流量造假、制造信息茧房、诱导超前消费等不当行为。

（三）平等合理设置平台规则

以公平合理、客观中立、清晰透明的原则开展平台经营活动，不利用服务协议、交易规则、技术手段等对平台内经营者进行不合理限制、附加不合理条件，或利用运营平台所掌握的各方面优势实施网络不正当竞争行为，扰乱市场公平竞争秩序。

（四）鼓励科技服务开放互通

鼓励在安全合规、相关主体权益得到保障的前提下开展场景共建与技术互通，提升金融服务效率，减少重复建设与资源浪费，构建公平竞争、协调发展、开放创新、合作共赢的产业生态环境。

六、风险防控

(一)牢固树立风险底线意识

把安全合规作为开展金融科技活动的基本底线和前提条件,强化风险意识教育,定期开展培训与安全检查,规范职业道德行为。通过理论知识教育与实际案例宣传等方式加强从业人员对风险防控重要性的认识,切实提升风险防范能力。

(二)自觉履行风险监控责任

自觉履行金融科技风险管理主体责任,建立健全覆盖金融科技活动全生命周期的风险监测、预警与应急处置机制,采用有效的技术和方法构建风险监控指标体系、优化风险监控模型、强化风险动态监控与安全评估,充分掌握风险态势,提前预防、及时处理金融科技风险。

(三)主动做好创新风险补偿

坚持金融科技创新以资金安全、信息安全为前提,针对不同类型的金融科技创新产品和服务,明确风险责任认定方式,制定风险赔付方案,配套风险拨备资金、保险计划等补偿措施。因金融科技创新风险造成损失的,严格按照赔付方案进行赔偿,有效弥补损失,充分保障各方权益。

(四)积极健全创新退出机制

建立健全金融科技创新退出机制。在金融科技产品和服务正常退出或因特殊情况导致非正常退出时,确保用户资金安全、信息安全,实现平稳退出,包括但不限于以下内容:①在业务方面,按照退出方案终止有关产品和服务,及时告知客户,做好协议解除、资金退还等工作,处理好利益相关方之间的权利义务关系,确保各方依法公平合理分担退出成本。②在技术方面,按照既定规程对产品和服务进行下线,对上下游及关联产品和服务进行还原或恢复等处理,做好系统、设施等交接处置工作和向金融消费者的解释工作。涉及数据的,按照国家及金融行业有关制度、标准要求做好数据清理、关联数据回滚或修改、隐私保护等工作。

(五)认真落实追责问责要求

完善金融科技风险内控管理与问责机制,明确相关岗位和人员的管理责任,分离不相容岗位并控制操作权限,增强风险综合管理能力。在发生风险事件时,主动承担风险管理主体责任,积极开展追责问责与问题整改,不断提升金融科技产品和服务的安全性与可靠性。

七、绿色低碳

(一)坚持生态优先、绿色低碳的发展策略

坚持生态优先、绿色低碳的发展策略,处理好发展和环境、整体和局部、短期和中长期的关系。在严格保护生态环境、有效控制温室气体排放、高效利用资源的基础上,运用金融科技手段助力经济社会绿色、低碳、高质量发展,构建人与自然生命共同体。

(二)发挥金融支持环境改善作用

运用数字技术强化绿色企业、绿色项目智能识别能力,提升碳足迹计量、核算与披露水平,为企业提供多元化绿色金融产品服务,加大对绿色产业和环境改善的金融支持,助力生态文明建设。

(三)积极主动应对气候变化挑战

坚持人与自然和谐共生,将碳达峰、碳中和纳入企业战略,积极参与全球气候环境治理,发挥金融科技在支持应对气候变化中的积极作用,推动经济社会绿色转型迈上新台阶。

(四)全面促进资源节约高效利用

坚持绿色可持续发展理念,秉持"高效、清洁、集约、循环"原则,合理优化金融信息基础设施布局,在建设过程中就近消纳清洁可再生能源,提升新能源使用比例。加大绿色技术应用力度,强化金融数据中心的节能设计,着力提升节能降耗水平,实现低碳可持续运营。

巩固训练与提高

案例分析题

中国农业银行数智生产力

中国农业银行打造了基于数据编制的数据资产地图,采用 NLP 算法、图计算等技术构建资产语义图谱,分析资产关联关系,实现数据资产的快速检索与主动推荐,有效解决数据看不全、看不懂的问题;打造了平民化 AI 平台,提供图片解析、语音识别、机器人问答等 AI 服务,广泛应用于信贷抵押、证照识别、远程客服等业务场景,真正做到让基层员工对 AI 有感;业内首家发布自研大模型产品"Chat-ABC",实现 200 亿个参数中文大模型的预训练和应用,支持社区问答、多轮对话等智能应用场景。此外,中国农业银行还构建了 SaaS 化 BI 平台,自研动态扩展极速 OLAP 引擎,支撑数据高时效运算,解决大数据联机分析响应慢的难题。BI 平台充分考虑基层行用户使用习惯,可提供指标、标签、报表等多种形式的 BI 服务。客户经理可使用 BI 平台开展获客、活客、挽客等重要营销活动,年均应用该平台开展业务 13 000 余次。

思考:请查阅关于金融科技的相关资料,并结合案例分析中国农业银行从业人员可能会遇到哪些金融科技伦理问题?他们应该如何坚守伦理底线?

第九章 信息保密

学习目标

(1) 理解金融信息安全的特征及其面临的挑战。
(2) 知晓金融业失泄密的形式、原因及防范措施。
(3) 了解个人金融信息的具体内容。

能力目标

(1) 掌握防范金融业失泄密的措施。
(2) 强化个人金融信息安全维护的意识。

案例导入

建设银行员工因侵犯公民个人信息罪

2024年7月9日,国家金融监督管理局天津监管局开出罚单,来自建设银行的员工李忠志被终身禁业。经法院审理查明,2015年12月至2016年5月,李忠志在天津市河北区建设银行工作期间,利用自己银行职员的身份便利,非法查询获取公民个人信息,并通过QQ将非法获取的公民个人信息出售给他人获利。一审法院认为,李忠志违反国家有关规定,非法获取公民个人信息,并出售给他人,情节严重,其行为已构成侵犯公民个人信息罪。

讨论:银行失泄密的方式有哪些?银行失泄密会带来哪些危害?

第一节 金融信息安全

互联网、大数据、云计算等信息科技的发展,正在推动金融业发生历史性变迁,数据与秘密等金融信息如同流动的血液,贯穿于社会经济生活的每一个角落。金融信息安全对于维护客户权益、保障金融安全、促进社会稳定具有不可估量的重要性。

一、金融信息安全的定义

金融信息安全是指在金融领域内,保护各种形式的信息免受未经授权的访问、使用、泄露、修改或破坏的一系列措施和实践。它涵盖了银行、支付服务提供商、保险公司等各种金融实体，以及它们处理的各种敏感金融数据、客户个人信息和交易记录。

金融信息安全包括网络安全、数据安全、信息流通安全、应用安全。网络安全具体包括防火墙、入侵检测、访问控制、安全管理等。数据安全具体包括数据加密、数据备份、数据恢复、数据审计等。信息流通安全具体包括用户认证、授权管理、会计核算、风险控制等。应用安全具体包括系统安全、软件安全、业务安全等。

二、金融信息安全的特征

金融信息安全具有如下特征。

（一）保密性

金融信息安全的保密性要求保护金融数据和信息免受未经授权的访问。这包括防止黑客、内部员工或其他恶意方访问敏感信息，如客户账户信息、交易记录和个人身份信息。金融机构应确保只有授权的用户可以访问金融系统和数据。认证涉及验证用户的身份，而授权则涉及确定用户可以访问哪些资源和功能。金融机构应使用加密技术对敏感数据进行保护，以确保即使在数据被截获时，也无法轻易解读其内容。

（二）完整性

金融信息安全的完整性要求确保金融数据不被篡改或损坏。金融数据在传输和存储过程中应保持准确和完整，以防止未经授权的修改。金融机构应评估和管理金融信息安全风险，采取相应的风险缓解措施，以降低潜在的安全威胁。金融机构应提供培训和教育，确保金融从业人员了解信息安全最佳实践，减少内部安全漏洞的风险。

（三）可用性

金融信息安全的可用性要求确保金融系统和服务能够在需要时正常运行。这包括对故障、攻击和其他中断进行防护，以确保金融服务的连续性。金融机构应进行持续的系统审计和监控，以便及时发现和响应安全事件、漏洞或异常行为。

三、金融信息安全发展历程

（一）20世纪70年代和80年代：早期计算机安全

在计算机技术发展的早期阶段，金融机构开始采用计算机系统来处理业务。然而，安全意识相对较低，很少有专门的安全措施来保护金融数据。主要的安全问题包括物理访问控制和基本的用户身份验证。

（二）20世纪90年代：网络和互联网兴起

随着互联网的兴起，金融机构开始将业务扩展到在线平台。这导致了新的安全挑战，如数据泄露、黑客攻击和电子支付安全问题。SSL（安全套接层）等加密技术开始被广泛应用于在线交易。

（三）21世纪10年代和20年代：数智化发展

数智化发展阶段金融信息安全的具体表现为：①合规和监管强化。随着金融交易的数字化程度增加,监管机构开始加强对金融机构信息安全的监管。金融机构被要求遵守各种合规标准,如 PCI DSS(支付卡产业数据安全标准),以保护支付数据的安全。②大规模数据泄露和高级威胁。一系列大规模的数据泄露事件揭示了金融信息安全的脆弱性。金融机构不仅需要应对传统的网络攻击,还需要应对高级持续性威胁(APT)等复杂的攻击形式。这导致了安全技术的进一步创新,如入侵检测系统(IDS)和入侵防御系统(IPS)。③人工智能和大数据安全。随着人工智能和大数据技术的发展,金融信息安全领域也开始采用这些技术来改进安全防御和威胁检测。机器学习和行为分析用于识别异常活动,保护金融交易和客户数据。同时,隐私保护也成为一个重要关注点,尤其是在面临数据保护法规(如 GDPR)的情况下。④智能金融安全。随着物联网(IoT)和智能设备的普及,金融信息安全将不再局限于传统的计算机网络。智能金融安全将涵盖更广泛的领域,如智能支付终端、移动应用、人脸识别等。同时,量子计算等新技术也引发新的安全挑战,促使行业寻找新的加密解决方案。

四、金融信息安全面临的挑战

(一)新兴技术挑战

金融行业逐渐采用新兴技术,如区块链和数字货币。这些技术带来了新的安全挑战,金融行业需要适应性的安全解决方案。随着技术的不断发展,恶意黑客和网络犯罪分子也在不断创新和改进攻击方法。这使得金融信息安全专业人员需要持续跟进并适应新的威胁。金融机构通常拥有复杂多样的技术基础设施,这导致安全配置和管理变得困难。不同系统之间的集成和互联会增加漏洞的风险。虽然人工智能和自动化技术可以用于增强安全防御,但同样也可以被黑客用于发动更精密的攻击。

(二)内部威胁

内部员工或合作伙伴会滥用其权限,从而构成内部威胁。泄露敏感信息、篡改数据或其他恶意行为会造成严重损害。人为因素是许多安全漏洞的根本原因,如弱密码、社会工程攻击和不当的安全实践。安全意识培训的不足导致员工不够警惕。金融机构必须遵守众多的法规和合规要求,这增加了其信息安全管理的复杂性和成本。信息安全领域的人才短缺是一个普遍问题,金融机构难以找到合格的安全专家来保护其系统和数据。金融机构处理了大量敏感客户数据,一旦发生数据泄露,会导致用户隐私暴露,信任受损。

(三)供应链风险

供应链中的第三方供应商成为攻击的入口,如果他们的安全措施不足,会影响到整个金融生态系统的安全性。供应链风险主要有信用风险、合同风险和贸易背景真实性风险。

(1)信用风险作为供应链金融领域的核心考量要素,深刻影响着交易对手方履行到期偿付义务的不确定性。这一风险的大小,与交易各方的偿债能力及其运营态势紧密相连,牵涉核心企业、供应链上下游参与者,乃至第三方物流监管实体的信用背景。

(2)合同风险作为供应链金融领域中的一项核心法律风险,必须得到严格且周密的把控。具体而言,该风险可细分为三个主要层面:合同条款本身的法律风险、合同履行过程中的潜在风险,以及合同用印的合法性与有效性所带来的风险。

(3) 贸易背景真实性风险是防范供应链金融风险的精髓,需严格把控贸易背景的真实性,主要从两个方面核查贸易真实性:融资前的初步真实性验证和融资申请时的深入真实性审查。

第二节　金融保密工作

随着社会主义市场经济的进一步深化、信息化建设的快速发展、社会环境的繁杂多变和金融体制改革步伐的不断推进,金融业保密管理的对象、领域、内容、手段和环境等都发生了很大变化。这给金融机构的信息保密工作带来了严峻的挑战,同时提出了新的、更高的要求。

一、当前金融失泄密的表现形式

近年来,金融系统发生的失泄密事件的主要表现形式有以下几种:

(1) 违反涉密文件、资料的制作、传输、销毁规定。有的单位或部门在涉密文件、资料印刷前未按规定标明密级、保密期限和发放范围;有的单位或部门在涉密文件、资料的传输过程中,未严格履行登记制度,传输过程存在着较大的随意性;有的单位打印人员没有把打印不齐、不全、不好的纸张按规定销毁,而是直接扔进垃圾箱,结果被人拾获。

(2) 违反密码电报使用和管理规定。有的单位员工明密不分,密电明复,对上级行要求以密电上报的事项以明电上报;有的单位将密码电报以文件转发和口头传达时未作必要的技术处理;有的单位在传真保密机未开通前,使用普通传真机传送秘密信息等。凡此种种,都为失泄密事件的发生埋下了隐患。

(3) 违反印章管理规定。有的单位公章使用管理松懈,用印不经主管领导批准,有的随意对外单位加盖资金证明和开户证明,有的擅自为企业加盖担保协议,为不法分子进行非法活动提供了条件。

(4) 违反《对外经济合作提供资料保密暂行规定》。有的单位或部门在对外提供经济合作资料时,没有坚持保密审查和审批制度,为不法分子进行金融诈骗提供了可乘之机。

(5) 违反对外宣传报道保密规定。一是部分金融机构通讯员思想麻痹,缺乏保密意识,甚至对密与非密界限不清,在采写业务报道时,没有坚持"为储户保密"的原则,把在本行存款的储户姓名和金额也宣传出去。二是银行在开展业务宣传工作时,部分报刊记者要求提供大量资料,一些员工有求必应,甚至将有关涉密文件、资料也向新闻单位提供,为不法分子作案提供了信息。

二、导致金融失泄密事件发生的原因分析

(1) 金融机构重视程度不够,没有把保密工作真正摆到重要的议事日程,有的单位没有按规定成立保密工作委员会或领导小组,有的虽然建立了保密工作组织机构,但在实际工作中并没有发挥应有的作用,形同虚设。

（2）保密责任意识不高。由于使用涉密电子设备处理业务有一定的繁琐性，一些金融机构领导员工以影响业务开展或工作效率提升为由，少用甚至不用涉密设备处理业务。有的金融机构在涉密文件的管理和流转上，与普通文件混杂一起，忽视了涉密文件的机密性。

（3）对保密知识疏于学习和培训，致使部分工作人员对保密工作的基本知识不熟悉，对保密工作的基本制度不明白或一知半解，对失泄密的严重后果也不清楚，不重视；有的工作人员保密观念异常淡薄，存在着"无密可保""保密无用""有密难保"等错误思想。

（4）保密法规、制度执行不严，一些单位对保密工作存在的问题查处不力，有章不循，违章不纠，有法不依，对可能造成的失泄密事故苗头或隐患没有得力的防范措施。

（5）网络隐患突出。当今是信息高度发达的社会，网络成为人们日常工作和生活必不可少的工具，信息技术的发展给人们的工作生活带来了便利，但同时也影响到金融保密工作的开展，使得金融保密工作的开展难度加大。金融机构内部网络计算机存储、处理和传递敏感工作信息，属于保密并限制与外网连接，但实际工作中仍有金融机构员工使用内部网络计算机登录外部网络，极易造成感染网络病毒，导致保密信息的泄露。

三、做好新时期金融保密工作应采取的主要对策

保密工作不仅关系到国家的安全和利益，还关系到金融机构各项工作的顺利开展。保密工作无论在什么时候都是一项十分重要、不可忽视的工作，特别是在新形势下，保密工作更容不得丝毫的麻痹和懈怠。

（1）各级金融机构主要领导要切实将保密工作纳入日常工作的重要议事日程，并将此项工作作为自己的一项重大的政治责任，真正抓实抓好。在研究、部署涉及自身商业秘密的业务工作时对保密工作要提出要求，做到业务工作做到哪里，保密工作就管到哪里；各级金融机构领导要带头履行保密职责，认真落实各项保密规章制度、健全保密组织和明确保密人员，并定期组织人员对保密工作进行督导和检查，发现问题及时解决，不留后患。同时，要按照"工作谁主管、保密谁负责"的原则，层层签定保密工作责任书，做到人人都有保密工作责任；要制定保密工作应急预案，明确组织领导、责任分工和处置程序等，保密工作中一旦发生应急事件，要立即启动应急预案，迅速处置，防止事态扩大。

（2）健全保密制度。完善各项保密制度，是提高金融保密的重要环节。制定可行的制度，就能有效地堵塞漏洞，减少事故的发生。根据《中华人民共和国保守国家秘密法》及上级部门保密管理规定，金融保密工作必须始终遵循"严格管理、严密防范、确保安全、方便工作"的原则，如对机要涉密人员调离岗位时，严格履行涉密载体的清点、登记，交接手续，真正把各项保密制度落到实处，形成以制度促管理，以制度促保密的工作机制。

（3）加强保密教育，增强保密意识，提高保密能力。金融机构要把保密教育纳入员工培训的一项重要内容，针对行业和岗位特点，丰富培训内容，提高培训质量，推动保密培训制度化、规范化，使广大干部员工进一步增强保密意识，真正树立"保密工作无小事"的理念。金融机构要结合全国金融系统业务活动中发生的典型失泄密案例和对外金融宣传中

的失泄密事件，对有关人员进行保密教育，克服部分员工中存在的"无密可保"和"有密难保"等错误认识，增强他们保守商业秘密的政治责任感，使其在工作中不断强化保密观念，自觉做好保密工作。

（4）加强管理，做好日常管控。金融机构应从以下内容着手：明确规定信息保密的保密范围、保密方式、保密措施以及泄密责任等；按照"涉密人员可靠、可信、可用、可控、可管"的要求，对新录用的员工进行岗前培训；对在岗的涉密人员要加强日常管理和监督，发现不适合继续在涉密岗位工作的，要及时调整替换；对离岗人员要实行脱密期管理，必须进行保密责任教育。

（5）加强秘密载体管理。金融机构应从以下内容着手：①加强对涉密载体制作、使用等环节的保密管理，明确责任人员，履行必要的工作手续。②加强对移动硬盘、软盘、优盘、光盘、磁带、存储卡等涉密移动存储介质管理，凡涉密移动存储介质都要统一购置、统一标识、严格登记、授权使用、集中管理。③加强对连接互联网的计算机进行监控和检查，严禁在连接互联网的计算机上存储、处理、传输涉及商业秘密和工作秘密的信息，严禁移动存储介质（优盘、移动硬盘、存储卡等）在涉密计算机和非涉密计算机之间交叉使用。④加强对印章、印鉴和有价单证的管理。对印章、印鉴和有价单证要实行专人分开保管，并建立健全使用及交接登记簿。同时做好文件、资料的阅卷、归档和销毁工作，对多余或次品文件、资料应当场销毁，不留后患。⑤加强密码明电报的使用和管理。各级金融机构都要把密码保密放在保密工作的重要位置，严格执行有关规定，确保密码秘密安全。⑥加强重要涉密活动、会议和涉外工作管理。重要涉密活动前要制定保密工作预案，对涉密会议要严格控制与会人员范围，重要会议要有专人负责保密工作，对外提供资料要严格履行保密审查、审批程序。⑦进一步提高保密要害部门、部位的综合防范能力。落实保密要害部门、部位管理责任，结合实际制定健全管理细则，落实管理要求，建立定期考核检查制度，加强对责任落实情况的监督考核。⑧加强定密管理，凡涉密的文件、资料，都必须按规定确定和标注密级，并严格按照涉密文件去传输和管理，确保不出现任何失泄密问题。⑨加强媒体危机管理，明确专人进行舆情监测，并主动与地方主流媒体和新闻主管部门沟通联络，从源头上抓好防范。⑩严格责任追究。对违反保密法律法规或泄露商业秘密的责任人，要依据有关法律规定给予相应的处理，绝不姑息。

第三节　个人金融信息保护

一、个人金融信息的定义

个人金融信息是个人信息在金融领域围绕账户信息、鉴别信息、金融交易信息、个人身份信息、财产信息、借贷信息等方面的扩展与细化，是金融业机构在提供金融产品和服务的过程中积累的重要基础数据，也是个人隐私的重要内容。个人金融信息一旦泄露，不但会直接侵害个人金融信息主体的合法权益、影响金融业机构的正常运营，甚至可能会带来系统性金融风险。

二、个人金融信息具体内容

个人金融信息包括账户信息、鉴别信息、金融交易信息、个人身份信息、财产信息、借贷信息和其他反映特定个人金融信息主体某些情况的信息。

（一）账户信息

账户信息是指账户及账户相关信息，包括但不限于支付账号、银行卡磁道数据（或芯片等效信息）、银行卡有效期、证券账户、保险账户、账户开立时间、开户机构、账户余额以及基于上述信息产生的支付标记信息等。

（二）鉴别信息

鉴别信息是指用于验证主体是否具有访问或使用权限的信息，包括但不限于银行卡密码、预付卡支付密码；个人金融信息主体登录密码、账户查询密码、交易密码；卡片验证码（CVN 和 CVN2）、动态口令、短信验证码、密码提示问题答案等。

（三）金融交易信息

金融交易信息是指个人金融信息主体在交易过程中产生的各类信息，包括但不限于交易金额、支付记录、透支记录、交易日志、交易凭证；证券委托、成交、持仓信息；保单信息、理赔信息等。

（四）个人身份信息

个人身份信息是指个人基本信息、个人生物识别信息等。个人基本信息包括但不限于客户法定名称、性别、国籍、民族、职业、婚姻状况、家庭状况、收入情况、身份证和护照等证件类信息、手机号码、固定电话号码、电子邮箱、工作及家庭地址，以及在提供产品和服务过程中收集的照片、音视频等信息；个人生物识别信息包括但不限于指纹、人脸、虹膜、耳纹、掌纹、静脉、声纹、眼纹、步态、笔迹等生物特征样本数据、特征值与模板。

（五）财产信息

财产信息是指金融业机构在提供金融产品和服务过程中，收集或生成的个人金融信息主体财产信息，包括但不限于个人收入状况、拥有的不动产状况、拥有的车辆状况、纳税额、公积金存缴金额等。

（六）借贷信息

借贷信息是指个人金融信息主体在金融业机构发生借贷业务产生的信息，包括但不限于授信、信用卡和贷款的发放及还款、担保情况等。

（七）其他信息

其他信息包括：对原始数据进行处理、分析形成的，能够反映特定个人某些情况的信息，包括但不限于特定个人金融信息主体的消费意愿、支付习惯和其他衍生信息；在提供金融产品与服务过程中获取、保存的其他个人信息。

三、个人金融信息安全维护

（一）金融机构

（1）在收集、保存、使用、对外提供个人金融信息时，金融机构应当严格遵守法律规定,采取有效措施加强对个人金融信息保护,确保信息安全,防止信息泄露和滥用。特别是在收集个人金融信息时,金融机构应当遵循合法、合理原则,不得收集与业务无关的信息或采取不正当方式收集信息。

(2) 金融机构应当建立健全内部控制制度,对易发生个人金融信息泄露的环节进行充分排查,明确规定各部门、岗位和人员的管理责任,加强个人金融信息管理的权限设置,形成相互监督、相互制约的管理机制,切实防止信息泄露或滥用事件的发生。金融机构要完善信息安全技术防范措施,确保个人金融信息在收集、传输、加工、保存、使用等环节中不被泄露。银行业金融机构要加强对从业人员的培训,强化从业人员个人金融信息安全意识,防止从业人员非法使用、泄露、出售个人金融信息。接触个人金融信息岗位的从业人员在上岗前,应当书面作出保密承诺。

(3) 金融机构不得篡改、违法使用个人金融信息。使用个人金融信息时,金融机构应当符合收集该信息的目的,并不得进行以下行为:出售个人金融信息;向本金融机构以外的其他机构和个人提供个人金融信息,但为个人办理相关业务所必需并经个人书面授权或同意的,以及法律法规和中国人民银行另有规定的除外;在个人提出反对的情况下,将个人金融信息用于产生该信息以外的本金融机构其他营销活动。银行业金融机构通过格式条款取得客户书面授权或同意的,应当在协议中明确该授权或同意所适用的向他人提供个人金融信息的范围和具体情形。同时,还应当在协议的醒目位置使用通俗易懂的语言明确提示该授权或同意的可能后果,并在客户签署协议时提醒其注意上述提示。

(4) 金融机构不得将客户授权或同意其将个人信息用于营销、对外提供等作为与客户建立业务关系的先决条件,但该业务关系的性质决定需要预先作出相关授权或同意的除外。

(5) 在中国境内收集的个人金融信息的储存、处理和分析应当在中国境内进行。除法律法规及中国人民银行另有规定外,银行业金融机构不得向境外提供境内个人金融信息。

(6) 银行业金融机构通过外包开展业务的,应当充分审查、评估外包服务供应商保护个人金融信息的能力,并将其作为选择外包服务供应商的重要指标。银行业金融机构与外包服务供应商签订服务协议时,应当明确其保护个人金融信息的职责和保密义务,并采取必要措施保证外包服务供应商履行上述职责和义务,确保个人金融信息安全。银行业金融机构应要求外包服务供应商在外包业务终止后,及时销毁因外包业务而获得的个人金融信息。

(7) 银行业金融机构通过接入中国人民银行征信系统、支付系统以及其他系统获取的个人金融信息,应当严格按照系统规定的用途使用,不得违反规定查询和滥用。

(二) 金融消费者

(1) 任何时候切勿把自己的身份证件、银行卡等转借他人使用。

(2) 在日常生活中切勿向他人透露个人金融信息、财产状况等基本信息,也不要随意在网络上留下个人金融信息。

(3) 尽量亲自办理金融业务,切勿委托不熟悉的人或中介代办,谨防个人金融信息被盗。

（4）提供本人身份信息资料复印件时，应尽可能在复印件上注明用途及有效期复印件，如"仅供申报＊＊信用卡用"，以防身份证复印件被移作他用。

（5）不要随意丢弃刷卡签购单、取款凭条、信用卡对账单等，对写错、作废的金融业务单据，应撕碎或用碎纸机及时销毁，不可随意丢弃，以防不法分子捡拾后查看、抄录、破译个人金融信息。

（6）加强个人密码管理，密码设置不能过于简单，输入密码时应进行遮挡，不将密码告知他人，不在不安全的环境中使用自己的个人金融信息，发现密码丢失第一时间挂失。

（7）不要轻信来历不明的电话号码、手机短信和邮件，警惕向您询问个人金融信息的电话及电子邮件。在任何情况下，法院、警方都不会要求您告知银行账户、卡号、密码或向来历不明的账户转账，如遇到此类情况，应予以拒绝，必要时立即报警。

案例分析题

金融数据泄漏事件日益严重

作为金融行业的三大支柱产业之一，保险行业因其庞大的客户群体（尤其是高净值人群）、高频的数据交换以及强大的数据变现能力，成为黑灰产觊觎的"香饽饽"。鉴于金融数据泄漏事件的日益严重，国家从多层次明确提出了金融数据安全要求，旨在通过政策引导全面提升行业的数据保护能力。2023年7月24日，央行发布《中国人民银行业务领域数据安全管理办法（征求意见稿）》，旨在为相关数据处理者依法依规开展业务领域数据处理活动、完善数据合规管理制度提供实践指引。截至2024年6月，我国已基本形成以《中华人民共和国网络安全法》《中华人民共和国数据安全法》《中华人民共和国个人信息保护法》《中华人民共和国密码法》等法律为核心，行政法规、部门规章为依托，国家标准和行业标准等为指南的金融数据安全合规保障体系。除政策法规外，《多方安全计算金融应用技术规范》《个人金融信息保护技术规范》《金融数据安全数据生命周期安全规范》等有关金融行业数据流通和数据安全的标准规范也相继发布，更好地指导和规范金融机构安全有序地开展数据要素流通和共享相关工作。

思考：请查阅金融业数据泄露的相关资料并结合案例分析保险业数据泄露的原因及防范措施。

第十章 金融安全

学习目标

(1) 认识金融安全的内涵。
(2) 认知金融安全的重要性。
(3) 认知金融安全的维度。
(4) 了解金融安全的维护方法。

能力目标

(1) 掌握金融安全信息的方法。
(2) 学会金融安全维护。

案例导入

SEC 开出约 3.93 亿美元罚单

财联社 2024 年 8 月 15 日报道,美国证券交易委员会(SEC)宣布了一项重大处罚决定,因相关金融机构未能妥善保留员工的电子通信记录,包括 WhatsApp 等即时通信平台上的信息,SEC 对 26 家金融机构开出了总计约 3.93 亿美元的罚单。SEC 发布的公告显示,此次被处罚的金融机构中,多家知名企业赫然在列。其中,Ameriprise Financial Inc.、Edward D. Jones & Co.、LPL Financial Holdings Inc. 以及 Raymond James Financial Inc. 等将各自支付 5 000 万美元以与 SEC 达成和解。此外,加拿大皇家银行旗下的一个单位也将支付 4 500 万美元的罚款,而多伦多道明银行、Truist Financial Corp. 和纽约梅隆银行等知名金融机构也未能幸免,均表示同意接受处罚。这一处罚决定提醒所有金融机构必须严格遵守证券法规的各项要求,切实履行好记录保存和信息披露的义务。只有这样,才能确保金融市场的健康稳定和投资者的合法权益得到有效保护。

讨论:金融机构为何要妥善保留员工的电子通信记录?请结合案例分析金融机构如何维护金融安全。

第一节 金融安全概述

2017 年 4 月 25 日中共中央政治局就维护国家金融安全进行第四十次集体学习。中共中央总书记习近平在主持学习时强调,金融安全是国家安全的重要组成部分,是经济平稳健康发展的重要基础。维护金融安全,是关系我国经济社会发展全局的一件带有战略性、根本性的大事。金融活,经济活;金融稳,经济稳。必须充分认识金融在经济发展和社会生活中的重要地位和作用,切实把维护金融安全作为治国理政的一件大事,扎扎实实把金融工作做好。金融安全是国家安全的重要组成部分。金融安全是国家安全的实现前提。2013年,习近平总书记首次提出"总体国家安全观"的概念,并提出了集政治安全、国土安全、军事安全、经济安全、文化安全、社会安全、科技安全、信息安全、生态安全、资源安全、核安全等为一体的国家安全体系。鉴于金融成为资源配置和宏观调控的重要工具以及推动经济社会发展的重要力量,金融安全可以通过引领国家战略、促进体制改革、发展实体经济,为其他安全领域的运行提供有力的支持。

一、金融安全的概念

就目前掌握的资料显示,国外学者仍未对金融安全的概念进行界定。这一方面说明将金融安全的概念具体和明确界定较为困难。另一方面说明金融安全是经济安全的核心内容。它与经济安全有着广泛而密切的联系并由经济安全所决定。国际上大多数国家将金融安全放在国家安全战略系统中来探讨。我国学者对金融安全的研究和探讨是在1997年亚洲金融危机之后。应当说相关的研究才刚刚开始。有学者从金融功能的正常履行角度,将金融安全概念分为微观、中观和宏观三个层次。从微观层面来说,即从金融企业个体出发,金融安全是大多数金融中介机构正常履行客户委托的资金划转和不同货币形式、不同货币种类的变换,利用规模经济和专业技术人员的复杂劳动为客户的金融交易提供尽可能完整的、有经济价值的信息,以降低相关客户的交易成本;在客户有流动性需求的时候提供相应的不同资产形式的转换,必要时以恰当的方式提供信用。例如,开放式投资基金的客户资金可以通过投资基金不同的营业地点进行资金的转移;通过专家理财为基金股份持有人进行投资,降低客户因为信息不对称而导致的过高的搜寻成本,降低客户因知识缺乏而签订不完全合约的可能性,降低客户因持有的股份数量小或自身知识不足而造成过高的履约成本,从而从总体上降低交易成本;通过基金股份持有人的股份赎回而把股份形式的资产变成现金。从中观层面来说,即从金融行业的角度出发,金融安全是金融中介机构交易服务、经纪功能、证券转换三大功能的正常运转,资金流的渠道畅通、市场不完备性的弥补、流动性的提供。从宏观层面来看,引入政府的作用,认为若经济体能独立自主地制定执行货币金融政策,国内金融体系能保持稳定健康,经济保证正常运转,金融体系国际影响力在稳定的前提下不断提高,世界大多数国家对该国的金融实力预期良好、愿意接受该国金融企业的信用,那么可以认为该经济体是安全的。

编者认为,金融安全是一个系统的、动态的、宏观的概念。概括地说,金融安全就是指一国金融发展与实际经济结构相互协调,金融机构和金融市场在金融监管部门的监管和政府的调控下具备正常运转的能力,以及在开放条件下对来自内外部的威胁、冲击加以有效防范、化解和自我修复的能力,从而保持金融体系健康发展、确保金融主权不受侵害的一种状态。对这一概念的理解包括几个方面:首先,金融发展与实际经济相互协调是指金融发展要以实体经济为基础，在经济发展中寻求金融安全，在金融安全中促进经济发展，防止任何形式由于两者的脱离带来的不良后果。其次，关于金融机构和金融市场具备正常运转的能力，一方面是指金融机构自身通过改善治理结构、完善内控制度等措施，具备应对正常时期的运营和波动的能力，另一方面是指金融机构和金融市场在国家监管部门的监督和引导下实现的稳健运转状态。最后，金融安全是一个持续的动态概念，既包括日常安全的维护也包括金融不安全的治理。除对金融体系日常波动的控制，金融安全作为一个宏观概念还应包含一国金融体系可能发生的系统性风险，尤其是金融全球化下遭受外部冲击甚至发生危机的可能，以及面对危机国家采取有效措施对危机加以治理、保持民众信心的能力。需要注意的是，金融安全并不要求金融体系的每一部分都一直保持在最佳状态，个别金融机构的经营困难甚至倒闭，只要不引发系统性风险就不能等同于金融不安全，就可看作金融市场竞争法则的正常履行。

综上所述，编者认为，金融安全可以从狭义和广义的范畴来进行定义。狭义的金融安全是指金融体系能够健康、规范运行，为一国经济运行提供充足的金融支持，无爆发金融危机的可能。广义的金融安全是指金融体系既无爆发金融危机的可能，也不存在导致金融市场异常波动的潜在因素。

二、金融安全的相关概念

（一）金融安全与金融主权

主权是国家的最重要属性，是国家在国际法上所固有的独立处理对内对外事务的权力。主权作为国家的固有权利，表现为三个方面：对内的最高权、对外的独立权和防止侵略的自卫权。经济主权是国家主权在经济权利上的具体体现，其主要内容应该有：一国能够保证本国人民自主选择经济制度而不受外国干涉；一国能够独立自主地决定本国的经济发展方针和政策而不受外国操纵；一国能够有效地掌握自己的重要资源和战略产业而不受外国控制；一国能够平等参与国际经济秩序的制定而不受外国排斥；一国能够自由地利用国际市场和通道而不受外国封锁。显然，一个国家在经济主权受到侵害甚至失去控制的情况下发展经济，是毫无安全可言的。对于金融安全与金融主权概念的理解要结合金融全球化的大背景，金融全球化和自由化在促进金融资源在全球范围内有效配置的同时，也暴露出其自发性、盲目性的弱点。在新兴市场经济国家发生的金融危机充分证明，在国内金融体系不够成熟和金融监管制度不够完善的情况下，开放金融市场会导致该国金融主权一定程度的丧失，进而威胁到这些国家的金融安全甚至国家安全。当然，在国内金融体系不断融入国际金融市场、国家间相互影响逐步加深的进程中，一国金融主权越来越受到来自国内和国际因素的双重制约，主权概念冲突由此产生，如一国若对本国所拥有的全部生产要素（包括流动在境外的生产要素）行使主权，势必将在主权的行使过程中扩及他国领域，"侵犯"他国主权。有鉴于此，为避免主权的国际冲突，提高金融主权对金融安全的积极作用，需要冲突双方相互订立条约，从而互不侵犯。可见，金融主权和金融安全不可分割，金融主权为金融安全服务，但绝对的金融主权又不利于金融安全；金融安全的获得需要适当金融主权的支撑。因此要正确运用金融主权，发挥其对维护国家金融安全、规避金融危机的积极作用。

（二）金融安全与金融风险

风险就是未来收益的不确定性，即风险既可能带来收益，也可能带来损失。金融风险是金融行为的结果偏离预期结果的可能性，即金融行为结果的不确定性。具体而言，金融风险是指在金融服务交易中给金融交易者带来损失的可能性，或是实际收益低于预期收益，或是实际成本高于预期成本，如银行、证券、保险等金融行业在其业务经营活动中面临资产损失或盈利的可能性。金融风险通常包括信用风险、市场风险、汇率风险、国家风险等。由于金融活动本身具有负外部性、信息不对称性等特点，这意味着金融风险与其相伴相生，即只要有金融交易，就存在金融风险。正如李翀在《国家金融风险论》一书中指出，金融风险与金融安全密切相关。金融风险的产生构成对金融安全的威胁，金融风险的积累和爆发造成对金融安全的损害，对金融风险的防范就是对金融安全的维护。然而，对于一般金融机构经营中的风险，只要加以有效防范就可控制，并不容易威胁一国金融安全，而能够威胁金融安全的金融风险往往是指宏观意义上的金融风险或者是系统性金融风险，即整个金融体系出现动荡和混乱使从事金融活动的各个经济主体遭受损失的可能性。

（三）金融安全与金融危机

《新帕尔格雷夫经济学大辞典》对金融危机的定义为，全部或大部分金融指标的急剧、短暂和超周期的恶化，如短期利率、资产（证券、房地产、土地）价格、工商业破产数和金融机构倒闭数。金融危机通常表现为由于内部矛盾激发或外部冲击引起的金融体系动荡和混乱，造成金融指标短期内迅速恶化并对实际经济产生不利甚至是灾难性的影响，从而使管理当局处于紧张状态。如果金融风险转化为金融危机，金融危机的发生自然威胁着国家的金融安全，但国家的金融安全不仅仅是金融危机。与金融危机相比，金融不安全内涵更加广泛和深刻，它包括爆发式的金融体系不安全即金融危机，还包括可能引发金融危机的超正常风险和过度波动，如金融领域的盗窃、诈骗、贪污、挪用，金融工作岗位上的失职行为，逃汇和非法套汇等。这表明即使没有发生金融危机，也存在着金融安全问题。当然后者通过不断积累最终也会演化为前者，也就是说金融危机是金融不安全状况积累后的爆发结果，如果防范得当，这种不安全状态是可以消除的。当爆发金融危机时，一国金融安全状态已被彻底打破，此时摆在政府面前的首要任务就是如何拯救金融主体、提高金融质量、重新回到金融安全状态。

（四）金融安全与金融稳定

关于金融稳定，目前学界对其缺乏统一的理解和概括，尚无严格定义。一般来说，学者们在研究中或者是把金融稳定看作是一个与金融不稳定相对的概念，或者是用金融危机的研究反证金融稳定的重要性，或者是把金融系统的稳健运行认同为金融稳定。国际货币基金组织的学者认为，金融系统的职能包括三个方面：第一，提高经济效率，包括资源配置、财富积累、经济增长和社会繁荣；第二，评估、定价、分配和管理金融风险；第三，通过自我纠偏，抗击内部和外部冲击造成的不平衡，确保金融系统正常履行职能。基于此，金融稳定的定义是：只要金融体系能够抗击内生或由于外部未预料的冲击造成的不平衡，继续履行提高实际经济运行效率的职能，金融系统就处于一系列不同层次的稳定状态。自2005年起，中国人民银行决定定期发布《中国金融稳定报告》，对金融体系健康状况进行综合评估，以切实防范金融风险。中国人民银行在《中国金融稳定报告》中对金融稳定的界定是：金融稳定是指金融体系处于能够有效发挥其关键作用的状态。在这种状态下，宏观经济健康运行，货币和财政政策稳健有效，金融生态环境不断得到改善，金融机构、金融市场和金融基础设施能够发挥资源配置、风险管理、支付结算等关键功能，而且在受到内外部因素冲击时，金融体系整体上仍能够平稳运行。稳定就是安全和秩序，金融稳定就是金融安全和金融交易活动有秩序。金融稳定和金融安全有极大的相似性。但金融稳定侧重于金融的稳定发展，不发生较大的金融动荡；而金融安全侧重于强调一种动态适应，包括金融体系对宏观经济体制、经济结构调整变化的动态适应。

一般来说，国外学者在研究有关金融风险和金融危机问题时，大多运用金融稳定的概念而较少用金融安全概念。金融安全等级可以划分为四种状态，即安全、潜在非安全、显在非安全、危机四种状态。其中，安全是指一国经济处于基础稳固、健康运行、稳健增长、持续发展的状态，不致因为某些问题的演化而使整个经济受到过大的打击，损失过多的国民经济利益。潜在非安全是指经济中发生了不利于国家经济安全的问题，但没出现显在非安全的局面。显在非安全是指经济中出现了明显不安全的局面。危机是指国家的根本的经济利益受到极大的伤害的状态，如经济发展基础溃散，经济运行失常，经济出现较大负增长等。由此，编者将金融安全区分为金融安全、潜在非安全、显在非安全、金融危机四种状态。

三、金融安全的重要性

金融是现代经济的核心，金融安全是国家经济安全的核心内容。随着金融活动的发展和金融功能的深化，金融对经济的反作用越来越显著，金融功能发挥的好坏已成为直接影响经济能否平稳运行的重要因素。历次国际金融危机证明，在金融自由化和全球化的进程中，金融危机对一个国家政治、经济和社会的伤害不亚于一场战争，波及面可能是整个地区乃至全球的经济金融。因此，在经济全球化的大趋势下，在参与国际合作与竞争中，如何提高抵御金融风险的能力，维护国家的金融安全和经济安全，是国际社会特别是发展中国家亟须解决的重要课题。

金融活，经济活；金融稳，经济稳。这些论述形象地概括了金融与经济的关系以及金融的能动作用。把金融安全置于国家安全、经济安全系统中去认识，强调金融的活与稳，而非行政抑制，注重在运动中保持平衡、在稳定中保持活力，体现了积极的金融安全观。同时，这也意味着金融发展应确立更高的定位、格局和责任，避免自我循环式的扩张，更多地从社会经济发展大系统、从全球经济格局、从新常态逻辑框架中去谋划，厚植金融安全的根基。我国已成为重要的世界金融大国。从金融大国到金融强国是金融发展的新长征，在这个过程中，需要继承和创新，需要艰难跋涉，深化和重塑金融与经济的关系。经济强，则金融强；没有经济的支撑，金融的发展就缺乏根基，一国就难以成为金融强国。金融强，并非单单看资产规模，还要看金融体制的韧性和灵活性，在国际金融市场上动员资本的能力，以及服务实体经济的能力。我国目前所致力的人民币国际化、金融基础设施高效化、金融监管规范化、金融服务实体化,最终是为了促进经济的转型升级以及提升经济的整体竞争力,同时也是走向金融强国的需要。

第二节 金融安全的维度

2008 年金融危机之后,全球金融环境发生了深刻复杂的变化,中国面临的金融安全形势也处在巨大变化中。2017 年以来,美联储加息牵动全球市场,一些国家的货币政策和财政政策调整形成的风险外溢效应导致的信贷风险、资产泡沫、房地产泡沫以及大宗商品市场泡沫等,都有可能对金融安全形成外部冲击,构成重大的不确定性。在这种形势下,如何衡量金融安全,控制金融风险,这需要新的视角和方法。货币、债务、信息、资产、市场和监管构成了一个国家金融安全的六个维度,并且正好可以表述为一张"金融安全的蛛网图"。

一、货币维度

货币是金融安全的第一维度。国际货币政策的变化导致国际资本普遍由新兴经济体向发达经济体流动,加大了区域金融风险,加剧了国际资本市场的大幅波动,增加了其他地区维护金融安全的难度。2008 年美国金融风暴与经济不景气发生后,美联储施行货币宽松政策,旨在帮助经济复苏。2014 年 1 月份,在经济持续复苏的背景下,美联储在当月起小幅削减月度资产购买规模,将长期国债的购买规模从 450 亿美元降至 400 亿美元,将抵押贷款支持证券的购买规模从 400 亿美元降至 350 亿美元,美联储开始迈出退出量化宽松政策的第一步。2014 年 10 月 29 日,美联储在议息结束后宣布,彻底终结资产购买计划,意味着长达 6 年的量化宽松政策完全退出历史舞台。美联储量化宽松政策退出导致全球资本流向逆转。国际金融协会的数据显示,2014 年流入新兴市场的民间投资总额降至 1.1 万亿美元,较 2013 年创纪录的 1.35 万亿美元减少 2 500 亿美元,新兴市场资金流入下滑,其他地区也因美联储即将升息的预期而受到影响。对于新兴经济体而言,其国际资本流动方向及规模受外国投资者影响较大。

与此同时,中国经济步入换挡期,经济下行压力较大,面临较为严峻的跨境资本流出形势。2014 年第二季度以来,中国国际收支连续 6 个季度出现经常项目顺差、资本和金融账户逆差的现象,主要原因是金融账户中其他投资子项的大幅流出。货币和存款、贷款、贸易信贷等非居民资本加速流出,成为当时境外资本撤离的主要形式。2015 年 12 月 16 日,美联储宣布加息,将联邦基金利率提高 25 个基点到 0.25%～0.5% 的水平。2016 年 12 月 14 日,美联储宣布将联邦基金利率目标区间上调 25 个基点到 0.5%～0.75% 的水平,这是美联储时隔一年后再度加息。2017 年 3 月 16 日凌晨两点,美联储宣布,将基准利率调升 25 个基点,从 0.5%～0.75% 上调到 0.75%～1.0%。2017 年 4 月 5 日,美联储发布了 2017 年 3 月 14 日至 15 日联邦公开市场委员会会议纪要。会议纪要中最主要的内容之一,是多数美联储官员支持在 2017 年晚些时候开始缩减庞大的资产负债表。美元进入加息通道后,全球资本开始逆向美国流动,新兴市场及发展中国家的国内资金大量"外逃",

全球资产配置方向转向美元资产或房产,中国等楼市在调控政策压力下进入调整周期。2017年4月初,美联储宣布缩表,此举标志着其全面收紧货币政策,对市场风险情绪的打击将是巨大的。对于新兴市场而言,如果美联储选择通过缩表来进一步回收流动性,可能导致美国以外市场出现"美元荒",从而令新兴市场面临更大的货币贬值和资金外流压力。

二、债务维度

债务是金融安全的第二维度。2008年全球金融危机以来,以流动性不足为特征的银行体系危机正在逐步转变为以高债务率为特征的债务危机。无论是发达国家还是新兴市场国家,普遍面临着债务率不断累积、经济增长放缓的问题。2008年以来,欧洲、日本等由于在货币宽松上表现出犹豫和妥协,且在处理欧洲主权债务危机、日本"僵尸型"企业的过程中,更多受到非市场化因素的干扰,最终导致债务负担依然过重,高负债部门没有得到实质性改善。从中国债务率的动态演进轨迹来看,2008年之后,因为受到大规模经济刺激的冲击,中国债务率有了显著上升。横向来看,中国债务率总水平超过新兴市场国家的均值,不过仍然显著低于美、日、欧等发达经济体。中国的债务风险集中在非金融企业部门。2008年之后,非金融企业部门杠杆率快速增加,而企业资产负债率却呈下降趋势。2008—2015年,非金融企业部门杠杆率从108%上升到166%,上升了58个百分点,"加杠杆"明显,而规模以上工业企业资产负债率却从59.2%下降到56.2%,下降约3个百分点,呈"去杠杆"趋势。非金融企业部门债务率不仅远高于所有国家,且增长还在不断加速,成为中国债务风险最为集中的部门。经济增速的放缓和融资成本下降缓慢,使企业债务风险面临较大挑战。相对而言,家庭和金融部门债务率偏低。家庭部门负债与新兴市场国家均值较为接近,但近年有超越的趋势;金融部门债务远低于发达国家,但也呈现出上行的趋势。

三、信息维度

信息是金融安全的第三维度。西方发达国家金融业发展历史久远,世界金融规则也以西方标准为主。近20年来,中国经济持续高速发展,国内资本市场不断扩大对外开放,但由于中国金融信息服务水平与国外金融信息服务寡头相比相差较大,国际金融信息服务市场还是被境外金融信息服务机构主导。从2008年金融危机到2013年彭博"偷窥门",都反映出中国在经济全球化、金融信息化中话语权的缺失以及对国外金融信息的过分依赖,这已成为威胁中国金融安全的不稳定因素之一。中国金融信息服务行业起步晚,相关规则都是在学习和模仿中发展起来。同时,金融信息服务行业属于现代高端信息服务业,是一个国家竞争力和软实力的重要组成部分。相对而言,起步晚、发展落后的情况,使得中国欠缺规则的主导权和话语权。在金融领域的重要环节,如国际投行、银行、国际清算与结算系统、评级机构、会计师事务所等方面,西方都占有绝对优势,掌握规则制定权和话语权。据统计,2015年以市值排名的世界前十大投资银行均为境外银行,全球主要信用评级市场也被穆迪、标普、惠誉所垄断,它们垄断全球信用评级市场,在世界范围内建立起话语权和主导权,以其意识形态和自身利益来主导市场,其评级结果对中国内部经济形成实质性影响。在以监管部门为信息源的生态链中,政府虽然能够掌握信息的主动权,但是仍然受到其他国家政府甚至海外信息服务提供商的影响。

四、资产维度

资产是金融安全的第四维度。现今中国金融市场正在经历一个快速、剧烈的资产证券化过程。资产证券化的直接后果是改变了中国金融体系的格局。中国在国际金融界中被认为是属于德日式民法体系下的银行基础金融体系,社会对于金融方面的需求主要由各级银行组成融资系统完成。但是随着资产证券化的速度急剧加快,社会融资体系开始向以金融市场为核心的英美式市场基础金融体系发生转变。中央结算公司中债研发中心发布的《2023年资产证券化发展报告》显示,我国资产证券化市场2023年发行规模稍有下降,产品结构则相对稳定。2023年全年共发行资产证券化产品18 481.4亿元,同比下降7%;2023年年末市场存量为43 516.85亿元,同比下降17%。在业务结构方面,信贷ABS发行3 485.19亿元,同比下降2%,占发行总量的19%;企业ABS发行11 784.10亿元,同比增长2%,占发行总量的64%;非金融企业资产支持票据(ABN)发行3 212.15亿元,同比下降31%,占发行总量的17%。从截至2023年年末的存量规模来看,信贷ABS存量规模为18 026.25亿元,同比下降26%,占市场总量的41%;企业ABS存量规模为19 981.55亿元,同比下降2%,占市场总量的46%;ABN存量为5 509.05亿元,同比下降29%,占市场总量的13%。信贷ABS中,个人汽车抵押贷款ABS连续两年成为发行规模最大的品种,全年发行1 799.77亿元,同比下降18%,占信贷ABS发行量的52%。而住房抵押贷款支持证券(RMBS)发行规模已缩减至零。企业ABS中,应收账款ABS和租赁资产ABS为发行规模最大的两个品种,发行量分别为2 913.60亿元、2 614.87亿元,占比分别为25%、22%。从发行利率来看,2023年资产证券化产品发行利率前三季度震荡下行,第四季度有所抬升。其中,企业ABS优先A档证券最高发行利率为7.50%,最低发行利率为2.35%,平均发行利率为3.34%,全年累计上行16个基点(BP)。同时,2023年绿色ABS发行规模增长明显,2023年全市场共发行绿色ABS产品351只,规模2 438.8亿元,是2022年的1.1倍。其中,交易所ABS发行规模占比最高,为52.18%,银行间绿色ABN占比30.34%,绿色信贷ABS占比17.48%。

五、市场维度

市场是金融安全的第五维度。资产证券化本该是服务实体经济、为实体经济提供运行的重要燃料,然而有时资产证券化过程中,产生的资金并没有流向实体产业。尽管国家鼓励通过"互联网+""金融创新"等方式引导资金回流向实体产业,但是成果并不明显。一方面,这固然是由于实体产业本身相对于金融行业较低的盈利率、被市场自然淘汰所造成的结果;另一方面,金融创新产品本身的不成熟、金融产品良莠不齐也难辞其咎。

金融产品风险可以大致分为两个方向:一是产品设计风险。创新金融工具都是随着社会经济的发展不断被发掘和设计的,在这一过程中有心或无意的产品设计漏洞会成为未来风险爆发的导火索。例如,在次贷危机中,美国金融产品的过度创新和其设计缺陷是造成危机爆发的一个重要原因。二是交易操作风险。金融产品在后台上是需要人为操作的,无论是人类操作亦或是现在流行的机器人操作,在执行上都是存在系统性漏洞的。特别是在金融市场规模快速扩张、有经验的从业人员供不应求的情况下,交易原因导致错误产生、并在市场中进一步放大的危机始终存在。

六、监管维度

监管是金融安全的第六维度。金融监管维度集中在磨合期的监管变化上,这一状态已经开始变为中国金融市场转变时期的新常态。传统上监管部门习惯于在平时对市场减少干预、在负面影响暴露后再介入监管,如2015年股市下跌、2016年险资举牌。虽然监管部门最终都稳定住了市场,但是这种事后介入的监管模式效率低下,难以从根本上防范新形势下的系统性风险爆发。在以银行为基础的金融系统中,监管机构多采取停牌等直接干预政策,而在英美等金融市场成熟的国家,主要的监管方式是通过事前立法来限制系统性金融风险的爆发。例如,美国总统特朗普上台前誓言废除的《多德-弗兰克法案》,就是美国政府为了对华尔街进行监管而推出的立法监管方式。中国已经为应对传统的金融体系风险建成了多层次、全方位的组织,但是新形势下的系统性金融风险具有涵盖范围广、关联性强、传导扩散错综复杂的特点,其监管工作对人员素质、规则制定,尤其是监管协调等方面都有巨大的挑战。另外,由于金融系统变化和金融创新不断产生,在分业监管模式下,一方面,中央各个监管部门之间、中央与地方监管部门之间,经常性地出现权限交叉;另一方面,某些领域存在监管真空等现象。中国应尽快实施监管体制改革,以便更好地统筹国际与国内、中央与地方系统性金融风险的监管。

第三节 金融安全维护

随着经济金融全球化的发展,金融风险的来源愈发复杂,金融风险的识别更加困难,金融风险的传染也更为容易。目前,国外涉及金融安全的文献主要集中在风险与金融危机领域,包括:金融危机理论与实证研究、金融风险测度与管理、金融风险传染研究、金融危机预警模型与综合治理等方面。我国学者对金融安全问题的研究在1997年亚洲金融危机爆发后才开始出现。已有关于金融安全问题的文献主要有两种研究视角:一种是基于金融经济本质的视角,另一种是基于金融活动对国际关系影响的视角。尽管这两种分析视角在研究中都是非常重要的,但是它们却给研究者带来困惑。这是因为,虽然金融安全的这两条影响路径可能存在交叉的地方,但是它们的理论基础和研究问题却是不同的。因而,研究者总试图把金融安全放在统一的理论范式下进行研究,很少从国家战略的高度来审视金融安全问题。为此,需要提出一种"新金融安全观"。

一、金融安全观的发展现状

(一)自由主义金融安全观

受经济自由主义的影响,一些学者把金融安全视为一个纯粹的经济学问题。他们普遍认为,金融安全是一个只涵盖金融市场风险和金融危机的经济学问题,金融是否安全仅仅由金融体系的效率高低及稳定与否来决定,而不需要考虑主权层面的金融安全。他们还认为,银行控制力由谁掌控无所谓,只要金融控制的配置符合帕累托改进即可。这种观点在中东欧、拉美比较流行,因为在这些地区银行国际化和私有化的改革过程中,银行资产70%以上由外资实际掌控着,但其银行效率却得到了改善,银行稳定性得到了提高,而且这些国家金融当局也没有太多的发言权。由此,我们知道银行控制权并不是保障金融安全的充分条件,而是必要条件,换言之,掌握了银行控制权并不等于拥有了金融安全,但失去了银行控制力则金融不安全就会增加。银行开放的实质是东道国银行效率改进、银行稳定与银行控制力丧失风险之间的权衡,在这个决策过程中需要考虑国内外利益集团与国家之间的利益和权力争夺。因此,运用单纯的经济学思维难以找到正确答案。

(二) 现实主义金融安全观

受美国经济学家罗伯特·吉尔平倡导的"一切以国家为中心"的影响,现实主义者超越了经济学范畴来看待金融安全问题,他们认为金融活动涉及利益分配和权力争夺,因而金融安全的重心必在于此。他们还认为,不同主体掌握银行控制力,结果有很大差别,丧失银行控制力的后果不仅仅会引致利益剥夺和欺辱,而且自身惶惶不安的状态本身就是一个很大的安全问题。尽管这种观点被很多人接受,但其自利性、实用性以及国家间无政府状态的主张与全球治理的发展趋势格格不入。

(三) 依附的金融安全观

有些人士认为,当今世界仍然是一个受帝国主义操纵、弱肉强食的世界,而金融是一场没有硝烟的战争。金融领域的权力和资源争夺是各个国家或经济体之间综合经济实力的较量。帝国主义出于谋求霸权的战略动机,常常巧妙利用市场经济规律作为破坏力量,暗中操纵国际经济组织推荐破坏性改革药方,设置金融改革陷阱,人为地制造金融危机来打击国际竞争对手以谋求建立世界霸权。这种较为极端的金融安全观主要流行于部分发展中国家,尤其是那些曾经经历过金融危机的国家。

由上述分析可知,已有的几种金融安全观有一些合理之处,但均难以让人信服。金融安全实际上是一个动态变化的过程,其探究的边界与重点随着全球金融格局特征变化而相应变化。亚洲金融危机使各国反思"东亚模式"、政府失败与裙带资本主义的缺陷,而次贷危机又让人们重新审视全球金融过度膨胀和金融创新带来的危害。因此,有必要构筑一个新的金融安全观。

二、"新金融安全观"的内涵

金融安全可以从经济学和政治学两个视角来进行分析,前者侧重于金融风险和金融危机给金融安全带来的影响;后者偏重于金融因素对国家"非经济核心价值"的影响。从经济学角度来看,金融安全是金融发展的安全和金融本身的稳定,主要体现为金融财富安全和金融体系的稳定,金融风险和金融危机会影响实体经济的稳定,因此,凡能引发金融风险的问题都应纳入金融安全的分析范畴。从政治学角度来看,金融安全主要表现为金融因素对一国政治、军事和社会等领域的安全的影响程度。在开放经济下,大国之间在争夺世界领导权和影响力时常常利用金融政策手段来进行博弈,因而金融控制与反金融控制的斗争较为常见。

由上述分析可知,金融安全与金融风险紧密联系在一起,金融风险的产生和积累、金融危机的爆发对金融安全形成直接的威胁,因此,维护金融安全主要是防范金融风险。不过,金融安全与金融风险是两个既有联系又有区别的概念。前者是从维护金融体系运行和发展的角度来分析外部经济冲击的来源和消除途径;后者是从发生结果具有不确定性的角度来分析金融风险的产生和防范方法。这种由金融风险引发的金融安全问题的分析范式来自经济学。因此,对金融风险的产生和传导机制的研究体现了金融安全纯粹经济学意义的内涵。

不过,已有研究过于集中在金融风险和金融危机的形成和传导机制上,而忽略了对经济全球化和国家或超国家利益集团的权力斗争问题的研究,较少研究隐藏在金融危机背后的政治经济因素。因此,使用单纯的经济学研究方法来研究金融安全问题具有一定的局限性。鉴于此,本书提出一种"新金融安全观"。新金融安全观是一个包含经济和政治双重属性的新命题,它与金融国际化密切联系在一起,与金融危机、银行控制力紧密相关,也与国家安全的整体战略利益有关。它以国家为中心,体现为一国金融体系的稳定运行状态,关键在于维护国家的核心金融价值。新金融安全观是站在国家政治、经济和社会等安全全局的高度来审视金融安全问题。金融安全是一个高度综合的概念,它取决于一国政府维护或控制金融体系的能力和一国金融机构包括商业银行在内的竞争力。金融安全是国家安全的重要组成部分,是经济安全的核心部分。这是因为单个金融风险难以危及一个国家金融体系的正常运行,只有当单个金融风险快速转移、扩散并演变成系统性金融风险时,它才会给金融体系带来巨大危害,进而直接威胁到国家金融安全。一国银行机构缺乏竞争力,经营不善,不良资产膨胀,出现持续亏损甚至倒闭风险,会引发公众挤兑,从而造成金融危机。金融危机是危害金融安全的极端表现。从各国金融危机的历史看,金融危机往往又会催生国家经济和社会的不稳定或者危机,更有甚者,还有可能引发政治动荡,导致政治危机。

在新金融安全观看来,银行控制力是国家维护金融安全的重要基础,它可分为核心控制权与非核心控制权,金融开放过程就是金融非核心控制权不断被分享的过程。银行开放可能带来银行控制力削弱,但这并不意味着要反对对外开放战略,这是因为政府的目标函数中不仅包含金融安全变量,还包括更为重要的经济增长变量,更何况金融安全本身就包括了发展因素。从国家层面来看,一国金融资源控制权配置与金融体系的风险收益准则是密不可分的。如果一国只紧紧抓住金融资源的控制权,而金融体系存在着多种风险隐患、不能为国民经济发展提供有力支持的话,那么这个国家并不能获得真正的金融安全。相反,如果一国只是考虑其金融体系的经济效益和市场环境,而视金融资源的控制权于不顾的话,那么该国的金融安全乃至国家安全一定会受到威胁。这一点对一个大国来讲尤其明显。大国之间的关系更多的是一种竞争与合作的关系,如果没有对本国金融资源的控制力,那就谈不上竞争,只能是受制于人了。此外,一个大国也应该积极融入世界,参与国际市场规则的制定,而不能局限于做国际规则的接受者。因此,在开放经济下,银行开放必然伴随着东道国银行效率改进、银行稳定与银行控制力丧失风险之间的艰难权衡。

综上,新金融安全观可以概括地理解为经济学意义上的自由主义金融安全、国家主权上的现实主义金融安全和大国战略利益上的金融安全三者的有机整体。换言之,新金融安全观不仅要获得开放性收益,如金融稳定和金融运行效率提高,还需要对金融体系有足够的控制力,从而为守住国家安全的战略利益打下基础。

三、维护金融安全的要求和措施

(一)维护金融安全的要求

维护金融安全,归根到底要提高金融业竞争能力、抗风险能力、可持续发展能力。2017年4月25日中共中央政治局就维护国家金融安全进行第四十次集体学习。中共中央总书记习近平在主持学习时强调,金融安全是国家安全的重要组成部分,是经济平稳健康发展的重要基础。维护金融安全,是关系我国经济社会发展全局的一件带有战略性、根本性的大事。习近平总书记对维护金融安全提出了六项要求:一是深化金融改革,完善金融体系,推进金融业公司治理改革,强化审慎合规经营理念,推动金融机构切实承担起风险管理责任,完善市场规则,健全市场化、法治化违约处置机制。二是加强金融监管,统筹监管系统重要性金融机构,统筹监管金融控股公司和重要金融基础设施,统筹负责金融业综合统计,形成金融发展和监管强大合力,补齐监管短板,避免监管空白。三是采取措施处置风险点,着力控制增量,积极处置存量,打击逃废债行为,控制好杠杆率,加大对市场违法违规行为打击力度。四是为实体经济发展创造良好金融环境,疏通金融进入实体经济的渠道,积极规范发展多层次资本市场,扩大直接融资,加强信贷政策指引,鼓励金融机构加大对先进制造业等领域的资金支持,推进供给侧结构性改革。五是提高领导干部金融工作能力。六是加强党对金融工作的领导,提高金融决策科学化水平,形成全国一盘棋的金融风险防控格局。这六个方面,体现了问题导向、改革导向、纲目清晰,为筑牢金融安全根基指明了政策方向。

(二)维护金融安全的具体措施

1. 增强风险防范意识

近些年来,中国金融业改革不断深入,取得了存贷款利率管制放开、人民币成为国际储备货币等一系列重大历史性突破,为中国经济的稳定健康发展提供了有力支撑。然而,在金融创新蓬勃发展的同时也出现了隐患,我们必须增强风险防范意识,准确判断风险,这是保障金融安全的前提。当前,面对我国市场机制不完善下的低利率风险、资产和负债的期限错配、各类金融机构功能异化等各种金融风险,提升金融监管力度势在必行。

2. 建立多元协同金融监管机制

2023年召开的中央金融工作会议提出,要全面加强金融监管,依法将所有金融活动全部纳入监管,强化机构监管、行为监管、功能监管、穿透式监管、持续监管。五大监管相辅相成、合力共治,直接目标是促进金融机构合格经营、金融交易合法守序,终极目的则是防范金融风险,为国民经济的高质量发展提供一个健康、稳定的金融支持。目前我国已形成"二委一行一局一会"+"各地局"的金融监管体制,金融监管理念需要从碎片化思维转向体系化思维,从分散思维转向统一思维,坚持宏观审慎管理和微观行为监管两手抓、两手都硬、两手协调配合,构建和实施金融监管多元协同共治机制。

3. 扩大监管范围

金融创新产生了大量的跨行业、跨市场的金融产品,如果监管存在空白,监管标准不统一,极易滋生新的风险。我们要把防范跨行业、跨市场的交叉性金融风险作为维护金融稳定的重点领域,特别是资产管理和理财产品横跨银行、证券、信托、债券等多个领域,难免会出现底数不清、风险不明的情况,需要重点排查,实现穿透式监管。自2016年以来,蓬勃发展的互联网金融领域已经开始全面整顿,但由于互联网金融存在多种形式,新进企业较多,创新模式日新月异,使对互联网金融的监管存在以下问题:首先,互联网金融尚在探索阶段,法律法规对众多风险隐患还没有实现有效覆盖;其次,互联网金融业务在经济全球化背景下的野蛮生长,使金融风险难被准确拿捏;最后,虽然互联网金融活动已经引起了金融监管的广泛关注,但当前的技术操作、评价信用等仍然亟待完善。所以,我们对互联网金融领域需要动态式持续监管,加强对行业的整体把握。

4. 完善监管机构的法律责任

监管机构在行使监管权力时,必须有法律的明确授权,不得任意扩大监管范围,应坚持法无规定不可为。同时要把防控风险与金融反腐融为一体。一旦金融机构有犯罪行为,对其主管人员与直接负责人也要进行处罚。金融监管机构必须有其独立性,不受任何其他机关的干涉,独立行使监管职能。金融活动往往具有长期性,因此,监管机构需要对金融活动的全程进行监管,这就需要监管部门与机构有综合型人才,对监管过程全方位了解。监管机构要重视对信息的公开,保障社会公众的知情权,防止监管滥用,这也有助于吸引更多的金融主体参与到市场经济中来。监管机构要建立有效的问责机制,对于滥用监管权力的人员,既要对结果负责,也要对过程负责,切实保障监管权的有效合法实施。

5. 完善金融安全监管立法

金融安全涉及社会公众的权益,关乎国家的长治久安,现有的法律法规、规章制度已经不能满足国家对金融安全的需要。金融安全涉及宪法、民法、行政法、经济法等多个法律部门,金融主体在不断扩大。因此,需要系统完善的法律体系来对其进行规范,以确保金融市场的健康发展。金融安全监管的立法作为国家层面的上位法,应当具有稳定性、长期性、有效性、普遍适用性。金融监管立法需要科学化,注重提升立法的统一性和前瞻性,使其实践性更强,美国、英国、日本等都设立了一系列相关法律,我们要借鉴外国的有益经验,也必须立足我国当前金融发展现状,从实际出发,准确把握我国金融发展的特点和规律,并且与国际金融组织的法律法规相衔接,制定出符合中国特色社会主义市场经济的金融法律法规。

6. 完善执法、司法举措

在执法上,监管主体对进入金融领域的产品具有准入权,包括金融准入管制、金融交易数量管制、金融交易的品种管制、金融交易空间管制等等。要提高准入门槛,把金融机构的经营"信用"作为重点考察的因素,设立专门的金融安全执行机构,把握工作性质,按照法律的原则和要求承担相关政策制定、业务指导、信息管理等责任,建立高效、便捷的监管协调机制。在司法上,要灵活运用法律手段,加大对市场违法违规行为的打击力度,对于利用法律制度中监管盲点和空白点实行经济犯罪的,必须严惩不贷,以保证我国司法的公平公正。

第四节 大学生金融安全意识

大学生作为年轻的消费群体,拥有旺盛的消费需求。作为成年人,他们虽具有完全民事行为能力,但仍缺乏安全意识和风险意识;作为学生,他们还没有足够的社会经验和独立面对状况的能力。随着互联网金融和非正规金融的快速发展,衍生出众多专门针对大学生群体的诸如校园贷、网络信贷、分期付款购物、信用卡透支、互联网理财等金融产品。与此同时,大学生越来越青睐支付宝、微信支付等电子支付渠道。但是,这些门槛低、方便快捷、良莠不齐的金融产品和支付渠道是一把双刃剑,在给大学生提供便利、缓解小额资金短缺的同时,还存在隐形高息、泄露个人信息等诸多风险。由于大学生普遍缺乏理财能力和风险意识,部分在校大学生消费方式不够理性,在面对虚假宣传时易被诱惑,掉入超前消费和过度消费的陷阱;同时,防诈骗意识不强,轻易将个人证件借给他人或将个人信息资料透露给他人,金融安全意识薄弱,给非法分子以可乘之机。

一、提高在校大学生金融安全意识及风险防范能力

(一) 加强媒体宣传教育力度

在资讯发达的今天,通过加强媒体宣传提高大学生的金融安全意识及风险防范能力是一条非常有效的途径。尤其是通过网络、电视、广播电台、报纸等媒介,对已经发生在大学校园里的具有警示意义的鲜活实例进行报道,更能引起大学生的共鸣,让他们知晓哪些行为会带来金融风险,又该如何进行防范。宣传部门可以不定期地在大学校园举办金融知识宣传活动,并给学生发放金融安全知识手册。学校可以利用校园广播循环播报金融知识,或在校园官网开设金融安全知识专栏,营造良好的宣传氛围,让大学生在学习之余把金融安全重视起来。

(二) 学校开设相关课程或相关知识讲座

高校设立面向所有专业学生的金融理财知识课程,普及金融知识,倡导合理消费,避免掉入超前消费陷阱。高校可以请金融领域的专业人士进行专题讲座,这既是校园文化的一部分,又是课堂的延伸。高校还可以通过视频播放、情景模拟等方式,介绍、解释生活中遇到的金融现象和热点问题,帮助学生了解金融知识,初步树立健康的金融诚信、金融安全、金融消费、金融理财理念。

(三) 组建金融或理财社团

各高校可以鼓励学生组建金融或理财社团,社团成员以金融专业的学生为主,一方面

可以提高他们的专业知识和能力，另一方面也为开展相关互动提供条件。社团应配备金融专业的指导教师。社团承担金融知识志愿宣传、投资模拟大赛的策划组织等职能，并可在指导教师的指导下参加金融方面的各种竞赛等。

（四）加强大学生自身管理

作为新时代的大学生，面对不断推陈出新的金融产品和金融机构，大学生要加强自己的判断力和管理能力。一方面，大学生要树立理性的消费观，不攀比、不过度消费，这样就不会掉进那些非正规金融的陷阱；另一方面，大学生应保护好个人信息，如身份证号码、银行卡号及密码、网上支付密码等，重要证件不轻易外借或交给别人。与此同时，大学生要珍惜个人信用记录，提高对个人信用的认知度。

二、提升大学生个人信用度措施

（一）规范市场秩序，建立征信体系

政府要发挥宏观调控作用：首先，要进一步出台相关法律法规和政策条文，约束校园网贷平台；其次，要加强对网贷平台的审查，提高校园金融服务准入门槛，规范校园金融市场秩序；最后，政府可以尝试利用蚂蚁金服、滴滴出行等平台，掌握高校学生消费情况，建立大学生信用档案，从而建立大学生征信体系，为大学生贷款消费划定合理额度，从而保障校园金融市场稳定，防范大学生超前消费引发的各类风险。

（二）完善资助体系，鼓励商业银行提供校园金融服务

尽管国家金融监督管理总局和教育部屡次发文禁止校园网络借贷，但屡禁不止，意味着部分高校学生确实存在资金需求。第一，国家要完善资助体系，保障困难学生基本需求，开展差异化的资助体系，满足学生基本生活、创新创业等差异化需求。第二，国家要鼓励商业银行等正规金融机构开展校园金融服务，满足高校学生金融需求，同时以正规化的服务和产品，保障校园金融安全。

（三）加强资料审核，推动行业自律

网贷平台要进一步加强自我监管和资料审核。第一，网贷平台要做好实名认证，对用户信息进行严格审核，对信用能力进行等级评价，同时要提升内部员工的道德素养。第二，网贷平台要加强信息安全保护，保障用户的信息安全，鼓励各网贷平台征信信息共享，避免多平台借贷等高风险事件的发生。

（四）开展财商教育，培育正确价值观念

校园贷的频频发生，反映的是高校学生缺乏财商教育，没有养成正确的消费观和价值观，如果高校学生财商知识和意识不健全，即便校园贷得以根除，也会出现其他校园金融诈骗案件。首先，高校要在第一课堂开展关于财商的公共课程，让全体大学生了解和学习基本的财商知识。其次，高校要在第二课堂广泛开展财商活动，通过有趣的活动形式，提高学生学习财商知识的兴趣。最后，高校要加强开展丰富的宣传教育活动，引导学生科学理性消费。

巩固训练与提高

案例分析题

交易者被强制平仓不服　索赔 267 万元被驳回

2014 年 8 月 29 日,原告邓某华在被告东银公司开立期货账户,签署了《期货经纪合同》等文件。至 2015 年 7 月 7 日收市,邓某华持有的多单合约风险率达到 101.61%,东银公司依约告知邓某华要及时追加保证金或自行减仓,否则可能会强行平仓。后因邓某华未追加保证金亦未自行平仓,东银公司对邓某华账户实施强制平仓。邓某华诉至法院,要求东银公司赔偿因其强制平仓造成的经济损失 267 万元及利息。深圳中院认为,邓某华、东银公司签订的案涉文件合法有效。在邓某华交易保证金不足的情况下,东银公司已按约定通知邓某华追加保证金,但邓某华未依约追加保证金,东银公司有权强行平仓。且东银公司强行平仓的价位和数量未超过合理范围。故判决驳回邓某华的诉讼请求。邓某华不服,提起上诉。广东高院维持原判。广东高院认为,期货交易具有投机性和风险性高的特点,属于专业性较强的金融商事领域,交易者必须具备风险意识,防范相应的投资风险。案件中,法院在尊重当事人合法约定的前提下,依法对期货公司强行平仓行为的效力作出合理认定,维护了证券期货市场的有序运行,保障国家金融秩序的健康发展。

思考:请查阅金融衍生品市场的相关资料,并分析市场交易者为何必须具备风险意识。

第十一章 金融危机

学习目标

(1) 认知金融危机的定义及分类。
(2) 了解当代金融危机的特征。

能力目标

(1) 分析金融危机背后的伦理根源。
(2) 掌握有效防范化解重点领域风险的对策。

案例导入

美国次贷危机

21世纪初期,美国经济受到互联网泡沫破裂和"9·11"事件的冲击,为了刺激经济复苏,美联储实施了宽松的货币政策,刺激了住房需求和供给,借贷购房成为一种常见的超前消费方式,美国房价在2000年到2006年间急剧上升,远远超过了实体经济和通胀水平的增长。为了获取更高的收益,许多金融机构开始向信用等级较低或不符合一般贷款标准的借款人发放次级抵押贷款。在低利率、高房价的环境下,次级贷款及其证券化产品占比上升。随着房地产市场的降温和利率的上升,次级抵押贷款违约率大幅上升,导致金融机构资金链断裂、次级抵押贷款机构破产、投资基金被迫关闭,引发信贷紧缩、股市暴跌和全球经济衰退。

讨论:美国次贷危机产生的原因、过程、危害性及其带来的启示。

第一节 金融危机概述

一、金融危机的定义

一位西方经济学者曾经幽默地指出,如同西方文化中的美女一样,金融危机难以被定义,但是相遇极易识别。通常的说法是,全部或大部分金融指标——利率、汇率、资产价格、企业偿债能力和金融机构倒闭数剧增,短暂的或者是超周期的恶化,便意味着金融危机的爆发。

金融危机又称金融风暴,是指一个国家或几个国家与地区的全部或大部分金融指标(如短期利率、货币资产、证券、房地产、土地、商业破产数和金融机构倒闭数)的急剧、短暂和超周期的恶化。这种危机通常伴随着人们基于经济未来将更加悲观的预期,整个区域内货币币值出现幅度较大的贬值,经济总量与经济规模出现较大的损失,经济增长受到打击。往往伴随着企业大量倒闭,失业率提高,社会普遍的经济萧条,甚至有些时候伴随着社会动荡或国家政治层面的动荡。

二、金融危机的分类标准

(一) 按照影响范围划分

按照影响范围不同,金融危机可分为本国金融危机、区域金融危机和国际金融危机三大类。其中,本国金融危机是指由于一国国内经济金融条件恶化而引发的金融动荡,其影响范围仅局限在一国国内。区域性金融危机则一般发生于贸易经济高度一体化的地理区域或经济组织联盟,该类危机往往由区域内的某个国家或某几个国家的国内危机引发。现代金融危机的始发国不再集中于发达国家,但往往是与世界其他国家金融往来密切的国家,当该国爆发金融危机后,通过多种传染渠道迅速使危机蔓延至全球金融市场,进而造成全球性金融危机。

(二) 按照表现形式划分

按照表现形式不同,金融危机可分为系统性银行危机、货币危机和主权债务危机三类。系统性银行危机主要表现为一国国内出现大批银行或者系统重要性银行倒闭从而导致整个金融体系崩溃。货币危机主要表现为一国汇率因经济基本面恶化或者遭遇投机性冲击而出现大幅贬值。主权债务危机则主要表现为一国政府因财政收支状况恶化等原因而无法偿还本国政府债务。从现代金融危机的一般表现来看,货币危机占有特别突出的地位,并伴随着其他几种形式危机相互演化,但随着经济的发展,这三类危机的界限已经十分模糊。

(三) 按危机爆发是否具有周期性划分

金融危机的爆发在许多时候并不具备周期性,只要条件具备就有随时爆发的可能。然而也有部分金融危机的爆发具备明显的周期性,并且往往伴随着周期性经济危机的发生。这类周期性金融危机的影响范围和影响程度一般都显著强于非周期性金融危机。

三、当代金融危机特征

(一) 金融危机发生的频率明显加快

金融危机并非近代的产物,历史上具有较大影响力的金融危机至少可以追溯至20世纪20年代。最典型的莫过于1929年自美国开始的全球金融危机。然而,即便是这次由于经济"大萧条"而引发的金融危机,其影响范围和影响深度与近年的金融危机相比仍然显得有所不及。更重要的,与20世纪90年代后的金融危机相比,早期的金融危机更像是经济危机的一个"偶然"产物,它并不一定与经济危机同时发生,对国民经济的影响也较为有限。而在第二次世界大战后全球经济恢复时期,随着布雷顿森林体系的崩塌,全球的汇率制度呈多元化发展,造成了以货币危机为代表的金融危机开始呈现集中爆发的趋势。在 1920—1980 年的 60 年间,全球共有爆发货币危机、系统性银行危机与主权债务危机的次数不足 70 次,而 1980 年后,这一数字却飙升到了 396 次,并且金融危机爆发的频率仍然呈上升趋势。可见 1980 年以后,金融危机无论是在爆发频率还是影响规模上都是史无前例的。

(二) 金融危机发生不再具备明显的周期性

早期的金融危机往往由经济危机引发。第二次世界大战前,资本主义国家的固定资本更新周期相对固定,因此这一时期的大规模生产相对过剩的出现频次也就具有一定的周期性,这就导致了经济危机与传统金融危机表现出了明显的周期性。时至今日,由于凯恩斯经济学的广泛传播,各国纷纷通过宏观经济手段调控,使得经济危机的周期性有所减弱,大型经济危机也变得越来越罕见。然而,金融危机却没有同经济危机一样受到显著的政府调控影响,其爆发的频率也变得越来越密集。造成这一现象的一个主要原因,便是发达国家的虚拟经济伴随着经济全球化在全世界出现了野蛮生长的态势,全球经济社会出现了明显的资本化与货币化趋势,这造成了全世界范围内虚拟经济与实体经济的严重脱钩。

在这样的背景下,一国经济增长过程中的矛盾便不再像第二次世界大战之前那样在实体经济领域激化,而是集中在金融领域爆发。同时,由于金融杠杆的存在,经济增长过程中的各种矛盾可能会迅速激化,致使现代金融危机的规模明显超过早期水平。总之,现代金融危机的发生已经不再具备明显的周期性。尽管金融危机仍旧与实体经济危机有一定的伴生关系,但两者的相互作用已经出现了明显反转。

(三) 金融危机的传染速度及影响显著增强

20 世纪 80 年代以来,世界经济发展呈现全球化特征,主要表现有生产全球化、贸易自由化、金融一体化等。受此影响,世界各经济体之间的联系也日益密切,这些联系既表现在传统的贸易及实体经济方面,更突出地表现在金融市场的相互联系上。在这样的背景下,金融危机不仅出现的频次大幅提高,而且其传染的能力及速度也得到了显著增强,现代金融危机也越来越表现出"全球化"的特征。例如,1997 年东南亚金融危机最先在泰国爆发,之后迅速传染到其他东南亚国家并进一步扩展至全球。又如,2008 年美国次贷危机爆发后,迅速影响了包括欧洲、亚洲在内的世界主要经济体。在这些现代金融危机中,不仅发达国家会受到金融危机的冲击,新兴市场国家也成为受害者,甚至其受影响程度更甚于发达国家。造成这一现象的一个重要原因是受到经济全球化影响,金融危机的传染渠道变得更加多样化。早期的金融危机传染主要通过实体经济渠道进行,即一国金融危机通过影响他国经济基本面来引致金融危机,从而实现金融危机传染;但现代金融危机除了这一渠道,更多地通过金融渠道来实现,金融危机源头国可通过金融市场间联系渠道、货币政策联系渠道与心理预期渠道等方式实现金融危机传染,这种传染方式也被称为金融危机的"净传染"。由于金融渠道所依托的国际金融市场较之实体经济市场在国与国之间的联系更加紧密,因此现代金融危机在国家间的传染速度也逐渐加快,其对世界各国经济的影响也日益加剧。

（四）金融危机的爆发源呈散点化趋势

早期金融危机似乎是发达经济体的特有产物，包括 1637 年的荷兰郁金香危机、1720 年的南海泡沫事件、1837 年的美国金融危机、1929 年美国股市危机等在内的早期金融危机无一例外地都出现在发达国家。这一现象也不难理解，毕竟此时所谓的新兴市场国家大多连完整的金融市场都尚未建成，不但不会爆发金融危机，甚至几乎不会受到这些早期金融危机的影响。20 世纪 90 年代以来，受经济全球化与资本全球化影响，以"亚洲四小龙"为代表的新兴经济体开始在全球经济中扮演更加重要的角色，这些经济体也纷纷效仿发达经济体，通过金融深化等金融体制改革，吸引了大批国际资本。新兴经济体在与全球金融市场联系逐渐密切的同时，却并未提高自身的金融监管水平，导致虚拟经济膨胀速度严重超过实体经济的增长速度，最终招致了国际投资的打击，引发了席卷全球的亚洲金融风暴。在新兴经济体的金融危机偃旗息鼓一段时间后，以美国为代表的发达国家也爆发了席卷全球的大危机，欧美等众多发达国家和地区也遭受重创。由此看来，与早期金融危机相比，现代金融危机不是发达国家的"特产"，而是经济发展不平衡、金融监管不够警惕的必然产物，因此现代金融危机的爆发源也呈散点化分布于世界各地。

（五）系统性银行危机、货币危机与主权债务危机的叠加性

在 20 世纪 70 年代以前，受到布雷顿森林体系以及各国政府的约束，各国金融市场的管制措施较为严格，因此在这一阶段，不同形态的金融危机之间几乎没有任何关联。但从 20 世纪 80 年代以来，受全球经济一体化影响，不同形态金融危机的边界逐渐模糊，危机叠加爆发的现象愈加普遍，各类危机对世界经济产生了更为显著的影响。在 20 世纪 90 年代的拉美地区以及亚洲金融危机中，系统性银行危机与货币危机之间具有较强的相关性。2008 年美国次贷危机爆发后，引发了美国国内的系统性银行危机，该危机传染至欧洲后，又引发了欧洲主权债务危机，欧元币值也受到重创。多种金融危机的叠加爆发，既加剧了金融危机对于某国经济以及区域经济的伤害、增强了金融危机的传染力，也显著加大了各国政府有效应对金融危机的难度，使得金融危机的治理成为世界性的难题。

第二节　金融市场的稳健

一、金融全球化

金融全球化是当今时代金融发展的总趋势。简要地说，金融全球化是指全球金融活动和风险发生机制联系日益密切的过程。金融全球化的具体表现有：①金融活动"游戏规则"的全球一体化。无论是国内金融活动，还是跨国金融活动，具有相同的"游戏规则"。②市场参与者的全球一体化。这体现为，资金需求者可以广泛地面向全球来筹集资金，资金的供应者也可以在全球范围内选择其投资、贷款的对象。③金融工具的全球一体化。金融交易的工具，从原生品到其衍生品，其民族性和国家色彩均已淡化，新的金融工具创造出来，很快就会成为各国交易的对象。④金融市场的全球一体化。这不仅体现为投资者和筹资者可以自由地在世界各国金融市场上从事金融活动，而且体现为建立在以互联

网为基础的全球化,不间断交易体系已经形成,为金融交易最终摆脱各民族、国家疆界的藩篱和实体市场的约束提供了平台。⑤交易货种多样化。随着越来越多的国家放松金融管制,越来越多的货币进入了全球金融交易中。⑥利率的趋同化。随着各国相继开放管制,各国利率水平已经趋于同步变动;全球利率在考虑了各种风险因素之后已经基本稳定。⑦金融风险全球化。

二、金融危机扩散的渠道

由于金融活动和风险发生机制的联系日益紧密,在全球化时代,国与国之间金融脆弱以及金融危机的联系也越加紧密,这表现为金融危机具有极强的传播效应。例如,1992年欧洲货币体系危机期间,英镑和里拉被迫贬值,并退出欧洲汇率机制,随后,仍然留在欧洲汇率机制内的爱尔兰镑和法国法郎遭到冲击,汇率发生了剧烈的波动;在1994年的墨西哥金融危机期间,墨西哥比索的贬值引起了阿根廷、巴西等周边国家汇率的大幅波动;亚洲金融危机期间,货币贬值起于泰国,之后迅速蔓延到印度尼西亚、菲律宾、马来西亚,并波及新加坡、中国台湾和中国香港,还扩展到东北亚的韩国和日本。在货币危机横扫了除中国大陆外的东南亚和全部东亚地区之后,俄罗斯和巴西也经历了金融危机的冲击。很多研究表明,在经济稳定时期,国家之间的汇率、股票价格和主权债利率,每日变动互不相关;而在危机时期,各国汇率的变动、主权债利率的波动都具有相关性,大部分的股票变动都具有相关性。因此,一个国家的金融危机扩散到另外一个国家的渠道主要集中在两个方面:

(1) 贸易联系和金融业联系。一个国家爆发金融危机所伴随着的货币大幅度贬值和国内需求急剧下降,都会导致与之有直接贸易联系的国家出口总额下降,国际收支恶化,成为危机扩散的牺牲品。与此同时,存在的还有另外的一种情况,国家之间在贸易规模上不大,却往往在很大程度上依赖一个共同的出口市场。比如发展中国家,相互之间贸易往来,大多不占主要地位,而主要的出口市场却彼此相同,如美国、日本和西欧。这种情况下,危机扩散的主要途径通常不是直接贸易联系,而是间接贸易联系。危机间接扩散的可能途径:一是危机国家因货币大幅贬值而增加出口竞争力,抢占出口市场,使得对手国的出口总额下降,国际收支恶化;二是危机国家的对外汇率失守,市场就会预期与之有间接贸易联系的国家也很有可能会让本币贬值,因而导致大量抛售该国货币,从而加速货币危机的扩散。

(2) 金融业之间的联系。金融业之间的联系包括直接和间接的联系。直接的联系是指某个或某些危机国家有直接的投资和借贷联系,在这种情况下,显而易见,会导致危机的直接扩散。而某个国家或某些国家与危机国家都是跨国银行和国际机构投资者开展大量业务的地区时,则形成间接联系。从2008年金融危机可以看出,跨国银行和国际投资者在一国遭到的损失后,为了达到资本充足率和保证金要求或出于调整资产负债的需求,往往大幅收缩对其他国家的贷款或投资。东南亚金融危机爆发后,在泰国,日本银行遭受巨大损失,随后在东南亚地区普遍收缩银根,关闭分支机构,成为促成这些国家相继陷入危机的重要因素。那时,日本银行从东南亚的撤资,也影响到我国香港,并间接给我国的海外融资造成了一定的困难。

总之,在金融市场的稳健过程中,即使不存在贸易、金融联系,危机也有可能扩散。这是因为市场预期发生变化或者信息不对称等因素,会由于种种导火线而导致资本市场上的热币大量从某个或某些国家流出。例如,1997年东南亚许多国家的货币相继贬值,越来越多的公众认为中国香港的汇率制也将难以维持,从而为投机者攻击港元创造了机会。

三、普遍发生的金融危机

最典型的资本主义经济危机始于1825年,周期性的经济危机大约10年一次,而形形色色的金融危机都发生在这10年之间。20世纪30年代的经济大萧条,曾将金融危机推向了极端。1930年,美国银行倒闭数量突破四位数,达1 350家,占银行总数的5.29%;1931年倒闭2 293家,占银行总数的9.87%;1933年到达高峰,当年有4 000家银行倒闭,占银行总数的20%。

随着金融全球化的步伐加快,金融脆弱演化为金融危机的速度大大加快,金融危机变得日益经常化和全球化。1982年国际债务危机在拉美爆发,这场债务危机持续20年之久。以美国为首的国家也在20世纪80年代中期经历了一场持续10年之久的储蓄贷款危机。20世纪80年代日本泡沫经济崩溃,至今没有走出衰退的阴影,其间还有1987年10月19日的"黑色星期一"全球大股灾。1991—1992年,挪威、瑞典和芬兰等北欧国家经历严重的系统性银行危机。1995年2月,英国商业投资银行——巴林银行因经营失误而倒闭。1995年9月,日本大和银行因证券买卖管理不善造成大约1 100亿日元损失。1994年12月至1995年3月,作为新兴市场经济体典范的墨西哥发生"新兴市场时代的第一次大危机"。1997—1998年亚洲金融危机是以货币危机的形式呈现,固定汇率制在这一危机中几乎全面崩溃,经受此次教训的东南亚经济体便开始通过加大外贸出口以积累外汇储备,以应对超预期的外汇市场冲击,最终使得东南亚经济体的外向性特征更为突出,与全球经济金融的联系也更为紧密,对外部环境的变化亦更为敏感。

2007—2008年美国金融危机让陷入流动性陷阱的全球经济变得异常脆弱:①为有效应对此次金融危机,主要经济体不得不在短时间内采取宽松甚至极度宽松的货币政策,将基准利率压至极低的水平,使得零利率、量化宽松以及负利率政策在很长一段时期内成为主要经济体的货币政策现状。②低利率且宽松的流动性环境让全球很多经济体迈入了流动性陷阱,大大弱化了增量货币政策的效果,一些经济体不得不通过积极的财政政策来弥补货币政策的不足,从而导致大部分经济体的债务压力在此次金融危机期间及其之后很长一段时期大幅上升。③低利率且宽松的流动性环境让全球经济金融体系变革异常脆弱,欧洲主要经济体的债务压力也在短时间内快速上升,为欧债危机的爆发埋下了隐患。

2008年开始,全球主要经济体相继降低基准利率,多数国家甚至将基准利率降至零利率的历史最低水平。对于习惯了低利率环境下的全球经济来说,降低利率无法刺激市场主体的投资欲望,但提升利率却极有可能加速恶化困境。在美元加息周期、全球流动性收紧的大背景下,发展中国家所背负的债务及资金外流压力明显上升,而过去很长一段时期内已习惯于低利率、高杠杆的诸多发达经济体面临着比发展中国家更大的压力。

2018年3月以来,受到中美贸易摩擦、国际油价暴跌、疫情传播等多个"黑天鹅"事件冲击,世界金融市场的波动进一步加剧,国际金融危机爆发风险再度悄然上升。2022年至今的俄乌冲突让欧洲地区陷入水深火热之中,非美经济体货币的普遍疲弱和债务压力的上升、全球供给体系重构、市场预期趋弱以及信心普遍下降在地缘博弈下将会常态化地冲击全球经济金融体系。

四、金融危机爆发的伦理原因

(1) 金融业内部治理存在问题。苏格兰银行在2008年全球金融危机中亏损200多亿英镑,雷曼兄弟投资银行直接破产,这些案例都从侧面说明,金融机构在管理运营过程中存在内部治理问题。作为一个现代金融企业,尤其是银行金融业,要优化自身的管理模式,健全相关贷款制度,并且要加强管理层的责任。在金融危机中,有很多案例表明,即使高层管理层道德沦丧,在企业濒临破产之际仍会拿着高额的工资跑路,也正是因为这一制度的存在,职业经理人通常在任期内投资一些高回报、收益快的项目,但这样很容易出现负面问题导致难以治理的伦理困境。

(2) 金融市场外部存在道德风险。金融市场之中不同的企业主体间也会存在由竞争或过度竞争导致的道德风险。在竞争中,同级别的金融机构之间存在竞争关系,为了拉拢投资者或者只是为了获得上层的关注,用不正当手段暗地里打压对手也是常常发生的事。例如,不正当竞争的金融机构会买通评级机构,获得高评级,这种行为最终会让投资者遭受重大损失,发生道德风险。

(3) 金融制度环境存在漏洞。一个好的制度可以让坏人做好事,这句话可见金融制度的重要性。金融制度是金融主体对客体的基本价值判断。在次贷危机爆发前,美国的制度一直被很多国家所推崇。然而,恰恰是最不可能发生金融危机的美国发生了席卷全球的金融危机。这是因为美国的金融制度缺乏诚信伦理精神的加持,使得制度成为一种功利性的工具,并根据信用大规模地放债,最后导致资金链断裂。美国这种崇尚自由精神的金融制度,使得个体的欲望缺少约束,失信和欺诈行为就会充斥整个金融市场。

(4) 监管存在漏洞。市场"这只看不见的手"不是万能的,市场缺陷还需要监管和法律来完善。一旦监管也失灵,那么危机就很容易发生。金融危机发生之后,可以很容易看到监管方面存在的问题。一是监管存在滞后性,而金融市场是在不断变化的,政府政策的实施和落实有可能跟不上市场的变化,造成政府调控与市场机制不适应的情况;二是政府政策具有有限理性,在推行过程中,可能会出现偏离伦理精神的监管缺失或监管过度的现象。

第三节 中国金融市场的过度发展与金融治理

一、中国金融业的过度发展问题

经过40多年的改革开放和快速发展,中国已经成为一个处于特定经济发展阶段的大国。一方面,从经济总量来看,中国已经位居世界第二大经济体,2019年GDP总量占全球 GDP 总量的 16% 左右,对全球经济增长的贡献率在 30% 左右,成为全球经济的"压舱石"。因此,中国已经不能简单地被视为一般的新兴经济体。另一方面,从经济结构来看,中国处在积极的优化升级过程中,消费成为拉动经济增长的第一动力,第三产业在整个经济中的占比已经超过投资和第二产业,成为促进经济增长的主要驱动力,特别是金融业对 GDP 的贡献率从 2018 年开始呈现指数级别的上升趋势(图 11-1)。

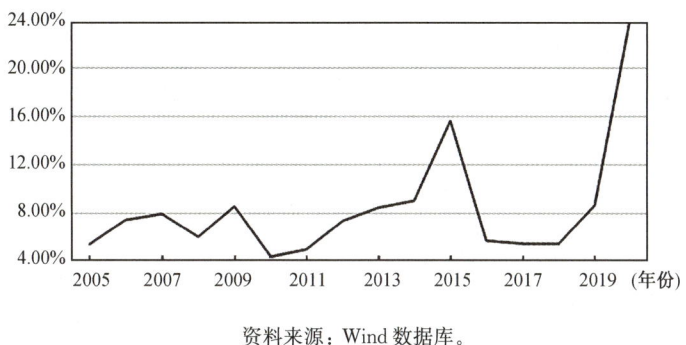

资料来源:Wind 数据库。

图 11-1 2005—2020 年中国金融业对 GDP 的贡献率

中国金融业的快速发展,需要辩证地看待。一方面,伴随着中国持续加快的金融市场化改革,目前的发展状态是金融业不断深化的结果。党的十八大以来,金融体系成为改革的重点领域。在利率市场化方面,贷款利率、存款利率在短短两年内相继完全放开;在金融创新方面,政府放松对互联网金融和结构化产品的监管,大大促进了资产管理行业的创新;在汇率市场化和人民币国际化方面,也有了突飞猛进的进步,在提高人民币汇率定价的灵活度同时也大力发展离岸人民币业务,2013—2014 年,人民币互换业务的快速增长印证了这一现象。金融行业的快速发展,在某种程度上也促进了经济增长,满足了产业结构改革升级的需求。然而,中国的金融业在某种程度上也存在类似欧美国家的"过度发展问题"。

(一)从指标层面上看

(1)立足于金融业发展规模指标。近年来备受关注的便是金融增加值,我国从 2005 年的 4% 上升到 2020 年的 8.3%,2014 年、2015 年和 2016 年的数值均已超过美国,达到次贷危机爆发前美国的金融业增加值占比水平(图 11-2)。

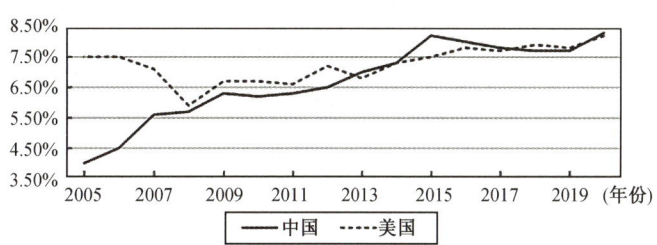

资料来源:国家统计局、Wind 数据库。

图 11-2 2005—2020 年中美两国金融业增加值比较

(2) 立足于金融业与实体经济发展效果指标。对于中国来讲,金融业挤压实体经济的现象突出。图 11-3 显示了我国银行业与工业利润增长率的变化,2010 年我国金融行业与实体经济的利润增长率之差将近 30%,虽然我国金融行业近 10 年来利润增长率呈现逐年下降的趋势,但我国工业利润率变化浮动较大,说明我国实体经济的不稳定性强。

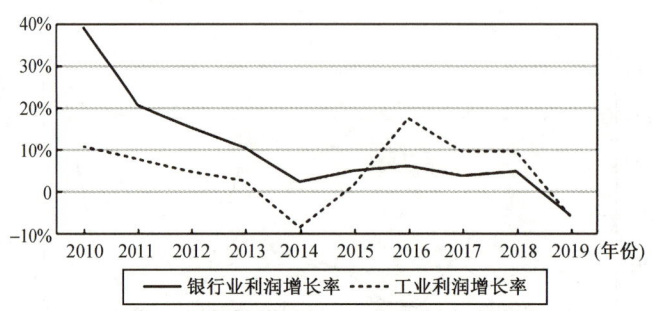

资料来源:Wind 数据库

图 11-3　2010—2019 年中国银行业利润增长率与工业利润增长率

(3) 立足于金融资产占比指标。从图 11-4 可以看到,我国金融资产与实体资产的比例虽上下变化浮动较大,但整体呈现的上升趋势意味着我国投资方向也出现金融化的现象。关于这一点,通过我国金融资产的整体数量变化(图 11-5)可以看出,2019 年我国金融资产的总量较 10 年前上涨了 3 倍有余,金融资产总值占 GDP 的比重(金融相关率)在经历次贷危机影响之后也保持着继续上升的趋势。这种趋势证明了我国金融资产在整体经济中的重要性正逐渐提升,金融资产价格的波动将会对我国经济稳定产生重大的影响。从宏观角度衡量,货币化也是反映国家经济金融化的重要指标(图 11-6)。货币化程度的加深反映了国际金融化与国内金融化的相关性。我国 M2 总量持续高速增长,2019 年的 M2 总量是 2009 年的 3.25 倍。M2 与 GDP 的比值在经历了 2005—2008 年的短期下降之后呈现快速上升趋势。货币化程度的不断提高为国内金融活动提供了大量的流动性。在实体经济复苏缺乏活力的情况下,大量的流动性资金涌入金融市场,加重了国内经济金融化倾向。

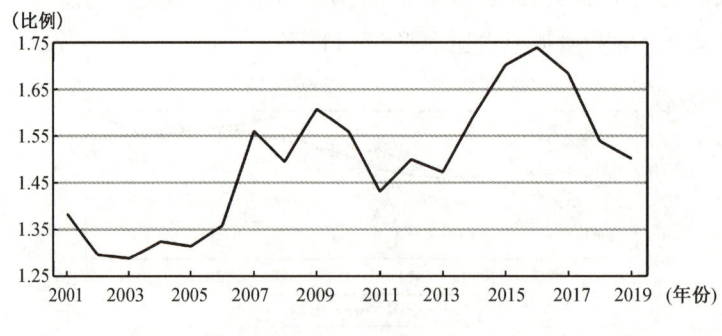

资料来源:Wind 数据库。

图 11-4　2001—2019 年中国金融资产与实体资产的比例

资料来源：Wind 数据库。

图 11-5 2001—2019 年中国金融资产的整体数量变化情况

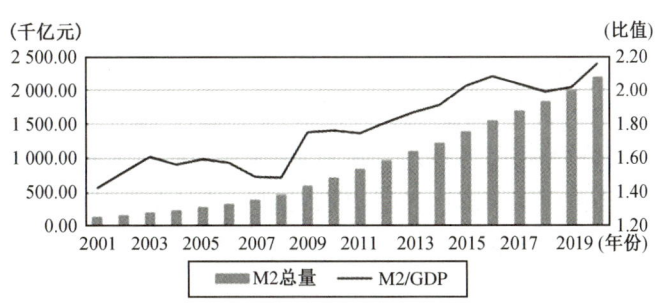

资料来源：Wind 数据库。

图 11-6 2001—2020 年中国货币化程度

同时中国的金融化发展在杠杆率上也有较大体现(图 11-7)。在结构上，我国实体经济部门杠杆率在 2020 年高达 270%，其中非金融机构杠杆率达到了 162%。由此表明我国经济走向债务型模式，金融运作呈现泡沫化状态。因此，有学者认为，金融化可能导致经济容易陷入债务型通货紧缩和长期衰退状态。

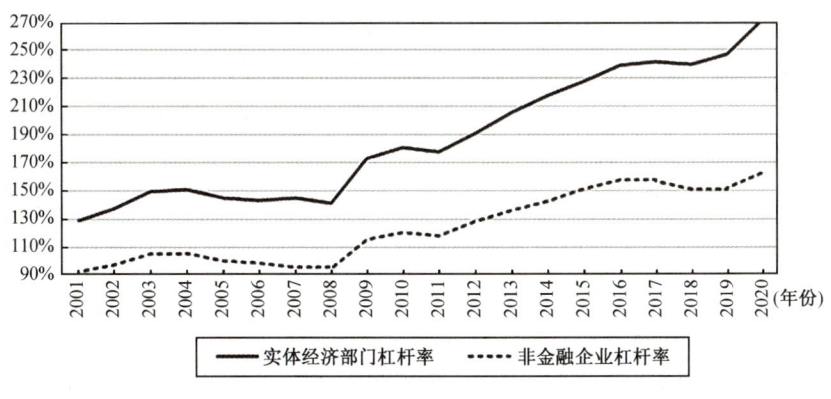

资料来源：Wind 数据库。

图 11-7 2001—2020 年中国各部门杠杆率

（二）从经济现象来看

（1）经济运行愈发不稳定，价格变化幅度增大。自 2015 年以来，随着利率大幅度下降，我国金融资产的投资收益率也随之下降。社会资金的轮番投资，导致我国的股票、债券、外汇、房地产等市场价格出现了异常波动，资产价格的大幅度变动在不同程度上刺激实体经济的发展，影响实体经济的运行；同时金融资产的价格变动也影响大宗商品的价格，煤炭、钢铁的价格在去产能政策实施之后出现了大幅度的上涨，这种现象在很大程度上是由期货市场放大政策效应所带来的结果。因此，金融市场的信号使得大宗商品等一系列重要资源脱离了供求关系，造成了实体经济的错配，这也是经济金融化的显著特征。

（2）影子银行、互联网金融（如 P2P 平台）等金融创新渠道的野蛮发展。①影子银行的发展。截至 2016 年，我国广义影子银行规模达到了 96 万亿元，占银行总资产的 44% 左右。2010—2016 年，我国影子银行增长速度达到了平均每年 36%。2017 年年初，影子银行规模达到历史峰值 100.4 万亿元。2019 年年末，我国广义影子银行规模降至 84.80 万亿元，风险较高的狭义影子银行规模降至 39.14 万亿元。②互联网金融的发展。2013 年下半年，以余额宝为代表的互联网理财横空出世，吸引了 6 亿多用户，改变了居民的理财习惯，P2P 行业也从 2013 年开始蓬勃发展，网贷成交量增长迅猛。然而，影子银行的出现不断推动我国杠杆率持续攀升；各种以空转、套利为目的的影子银行进行同业投资，虚增资产负债表，助长了经济脱实向虚。吸引力强大的互联网金融平台并没有改善或者颠覆传统金融模式。P2P 公司坏账率也持续高升，"爆雷""跑路"等问题频发。

二、有效防范化解金融风险

为有效防范化解金融风险，我国金融监管当局从以下方面着手。

（一）稳妥处置高风险集团和高风险金融机构

金融监管当局坚持市场化、法治化原则，补齐制度短板，对一批风险程度高、规模大的企业集团"精准拆弹"。金融监管当局通过包商银行破产清算、海航集团、华信集团、方正集团破产重整等案例警示，推动各类经营主体切实感受到"做生意是要有本钱的，借钱是要还的，投资是要承担风险的，做坏事是要付出代价的"等市场原则的硬约束，从而进一步树牢依法从业、合规管理、审慎经营意识。金融监管当局持续推进中小银行改革化险，加快农村信用社改革，稳步推动村镇银行改革重组和风险化解。金融监管当局积极探索开展硬约束早期纠正试点，对增量高风险银行提出"限期整改"的硬约束要求。

（二）全面清理整顿金融秩序

金融监管当局制定出台资产管理新规等系列监管制度，统一监管标准，打破刚性兑付，强化风险隔离，推进资产管理业务整改转型。至 2021 年年底资产管理新规过渡期结束，层层嵌套、资金空转等乱象得到有效遏制，影子银行规模大幅压降。平稳完成互联网平台企业金融业务突出问题整改，将工作重点转入常态化监管。互联网金融风险专项整治取得良好成效，P2P 网贷机构全部停业，互联网资产管理、股权众筹、互联网保险、虚拟货币交易、互联网外汇交易等领域整治工作基本完成。金融监管当局深入推进地方金融资产交易所、"伪金交所"、第三方财富管理公司等风险整治,严厉打击非法集资,坚决遏制境内虚拟货币交易炒作。金融监管当局持续加大洗钱案件查办力度。

(三)有效防范化解重点领域风险

金融监管当局从供需两端综合施策,维护房地产市场平稳运行,保持房地产融资平稳有序。金融监管当局因城施策实施好差别化住房信贷政策,持续引导实际利率和首付比例下行,更好支持刚性和改善性住房需求。金融监管当局采取多项措施,积极支持地方政府稳妥化解债务风险。金融监管当局引导金融机构按市场化、法治化原则,与融资平台平等协商,通过展期、借新还旧、置换等方式,分类施策化解存量债务风险、严控增量债务,并完善常态化的融资平台金融债务监测机制。

(四)建设完善金融稳定保障体系

金融监管当局持续推进金融法治建设,完善《中华人民共和国金融稳定法》《中华人民共和国中国人民银行法》《中华人民共和国商业银行法》《中华人民共和国保险法》《地方金融监督管理条例》《非银行支付机构监督管理条例》《中华人民共和国外汇管理条例》等。金融监管当局完善宏观审慎管理制度框架,建立逆周期资本缓冲机制,出台系统重要性银行和保险公司评估办法,发布金融控股公司监管规则和准入规定,制定统筹监管金融基础设施工作方案,不断完善金融业综合统计。金融监管当局完善存款保险制度,有效发挥存款保险防范挤兑、差别费率、早期纠正、风险处置等核心功能。金融监管当局加快设立金融稳定保障基金,建立存款保险基金、保险保障基金、证券投资者保护基金、期货投资者保护基金、信托业保障基金等金融行业保障基金,进一步加强各类保障基金的统筹配合并细化应用机制。

三、中国金融治理体系的现代化

中国金融业的治理需要从制度和人文两方面入手。在宏观层面,内嵌于国家治理体系与治理能力的现代化,推进金融治理体系与治理能力的现代化;在微观层面,借鉴实体企业的企业家精神,立足于培养符合新时代中国高质量金融发展的、具有现代金融职业素养和长期主义价值伦理的金融家与金融家精神。

(1)金融治理现代化的基本目标。在整个国家治理体系现代化的大框架内,构建符合新时代高质量发展的现代金融治理体系,以保障和推动金融服务支持实体经济发展的水平和力度,并维护金融体系的稳定性,防止出现西方发达国家的周期性金融危机。总体来说,就是要顺应中国经济、政治和社会的发展阶段和时代特征,全面提升中国金融治理体系和能力的现代化水平,以保障社会经济的高质量发展。

(2)完善现代金融治理体系。如何在国家治理现代化的视域下健全现代金融体系,最重要的就是要完善现代金融治理体系。需要在理论上作出创新性的努力,将过去聚焦的金融发展理论、金融结构理论和金融规制及监管理论,结合现代治理理论进行融合性创新。对于现实中的中国,在新时代背景下,内嵌于整个国家治理体系,将政府、社会、市场、金融机构等广泛囊括的,更加注重良性互动和内生演进的货币金融治理体系,是较传统金融监管体系相比更富有广度、深度和柔韧度的理念、框架和工具。要在2035年基本实现国家治理体系和治理能力现代化,必须加快金融治理体系的现代化建设进程。

(3) 构建适合我国国家治理现代化要求的现代金融治理体系的基本框架。与国家治理现代化相适应的现代金融治理体系至少包括六个层面:法律法规建设、金融监管实施、金融稳定管理、金融市场约束、微观机构治理、社会多元治理。实现金融治理现代化的总体路径包括三个阶段:通过金融改革和金融深化消除金融抑制,推动经济市场化改革;通过完善法律法规体系和优化宏观审慎管理机制,保障经济高质量发展;通过强化现代金融治理体系和健全现代金融体系,促进国家治理体系和治理能力现代化的全面提高。

巩固训练与提高

案例分析题

硅谷银行倒闭事件

硅谷银行于1983年在美国成立,硅谷银行是全美第16大银行,总资产在2 000亿美元左右。硅谷银行主要服务于抗风险能力差的创业公司。2020年,美联储降息,硅谷银行陆续吸收了700多亿美元的存款,硅谷银行将其中的大部分资金用于投资长期债券。2023年美联储宣布加息,硅谷银行持有的长期债券严重贬值,大部分长期债券的投资周期变得更长。2023年3月9日,硅谷银行宣布将手里可以出售的210亿美元的债券统统抛售,结果造成18亿美元的损失。同时,硅谷银行拟从股市融资22.5亿美元。当天硅谷银行股价下跌了60.41%;2023年3月10日又跌了63%。于是大量存款用户挤兑,一天取走400亿美元左右的存款,直接导致该银行损失20%的存款,随即宣布倒闭。

思考:请通过查阅资料了解美联储历年的货币政策,并结合案例分析硅谷银行倒闭事件的深层原因和我国商业银行的应对策略。

第十二章 金融监管

学习目标

(1) 理解金融监管的含义。
(2) 明确金融监管的目标。
(3) 了解各类监管在我国的实践状况。

能力目标

(1) 分析机构监管与功能监管互为补充的原因。
(2) 区别审慎监管与行为监管。
(3) 掌握"穿透式"监管的原理。

案例导入

《非银行支付机构监督管理条例实施细则》出台

为落实《非银行支付机构监督管理条例》,切实保护用户合法权益,更好发挥非银行支付机构(以下简称支付机构)服务实体经济作用。2024年7月9日,中国人民银行发布《非银行支付机构监督管理条例实施细则》(以下简称《实施细则》),自发布之日起施行。《实施细则》主要内容有:一是明确行政许可要求。按照《非银行支付机构监督管理条例》设置的行政许可事项清单,细化支付机构设立、变更及终止等事项的申请材料、许可条件和审批程序,持续提升监管规则透明度,优化营商环境。二是细化支付业务规则。明确支付业务具体分类方式和新旧业务许可衔接关系,实现平稳过渡。规定用户权益保障机制和收费标准调整要求,充分保护用户知情权、选择权。三是细化监管职责和法律责任。明确重大事项和风险事件报告、执法检查等适用的程序要求。强化支付机构股权穿透式管理,防范非主要股东或受益所有人通过一致行动安排等方式规避监管。此外,还规定了中国人民银行及分支机构的处罚权限和措施。四是规定过渡期安排。明确已设立支付机构应在过渡期结束前,达到有关设立条件、净资产与备付金日均余额比例等要求。过渡期为《实施细则》施行日至支付业务许可证有效期截止日,不满12个月的,按12个月计。

讨论:请查阅非银行支付机构的相关资料,并结合案例分析中国人民银行如何推动非银行支付行业健康可持续发展。

第一节 金融监管概述

党的二十大报告指出,要加强和完善现代金融监管,强化金融稳定保障体系,依法将各类金融活动全部纳入监管,守住不发生系统性风险底线。必须按照党中央决策部署,深化金融体制改革,推进金融安全网建设,持续强化金融风险防控能力。

一、金融监管的定义

金融监管一般是指金融机构需要遵循的一些规则或者法律,以及实施这些规则和法律过程当中的必要监测和落实手段。监管理论领域有三个学派,分别如下。

(一)科斯理论

科斯理论的大概意思是,如果市场有效的话,有法律就行了,不需要再监管,因为每个人按照法律行事就不会出现问题。法律很重要,但并不能完全替代监管。依靠法律解决问题,最主要的手段就是诉讼,而诉讼一般耗时比较长,同时只有在实际受到伤害时才能起诉。监管的功能不仅仅是甚至主要不是处置风险,而是防范风险,或者在过程当中缓解风险、缓解伤害。法律与监管都很重要,但不能完全替代。

(二)管制理论

管制理论认为监管是特殊的利益集团用来限制其他竞争者的手段,以获得垄断利润,在这个场景当中,政府可以作为独特的利益群体。这也不是本书要讨论的监管。

(三)关注市场失灵和外部性问题

关注市场失灵和外部性问题,认为即便在有效的金融市场,仍然可能发生市场失灵的问题或风险:第一是系统不稳定;第二是信息不对称;第三是市场失当行为;第四是反竞争行为。系统不稳定就是会造成市场内部要素相互之间的交互影响,最后导致整个系统的崩盘,此时市场机制可能不能解决。信息不对称是金融交易与生俱来的特征,我们可以努力降低信息不对称的程度,但是不可能彻底消除信息不对称。市场失当行为包括欺诈,如庞氏骗局。反竞争行为主要表现为一些企业设置人为的障碍阻止竞争者进入,形成垄断地位,获取垄断利润。这一学派是被普遍接受的学派。

二、受监管的金融活动

受到监管的金融活动可以分为证券活动、期货活动、集合投资计划、银行活动与保险活动五大类。

(一)证券活动

证券发行是发行人面向多个不特定投资人发起的一对多的直接融资活动,在法律关系上由多个标准化合同组成。证券交易是已发行的证券在证券市场上进行买卖的活动。证券活动的交易结构使其容易出现以下风险:投资者由于人数众多而存在集体行动困难,没有能力也没有激励去获取足够信息以有效实施监督,从而容易出现资金使用者不以资金提供者的利益行事而自肥的问题。针对这一风险特征,各国对证券活动的监管措施,均以干预程度最低的信息披露要求与反欺诈规则为主,在降低由信息不对称所带来的道德风险的同时,最大限度地保障投资者的投资偏好不受干扰。

(二)期货活动

期货合同的本质是期限拉长、远期交割的标准化合同。其从订立至交割,通常要经历较长时间,因此如无外部监管会产生较大的交易对手信用风险。此外,期货活动中也可能因信息不对称而出现欺诈、内幕交易和操纵行为。因此,对期货活动的监管逻辑,主要是通过场内交易、保证金和每日无负债交易要求、强制平仓等制度安排提供必要的履约保障;同时通过对交易所及期货经纪人的信息披露要求,减少信息不对称带来的道德风险。

(三)集合投资计划

集合投资计划是以集合投资工具为中介的市场性间接金融活动,在不同国家具有"共同基金""证券投资基金""单位信托基金""证券投资信托基金"等不同称谓。在一项投资集合计划中,投资人先将资金汇入集合投资工具,再由后者进行投资,投资人按比例获得投资收益。借助此种交易结构,单个投资人可以参与其力所不及的大额与多元化投资,并获得专业化管理。而作为中介机构的集合投资工具,实际上兼具了证券发行人与投资人双重身份。因此,对集合投资工具的监管,既要求其承担普通证券发行人的信息披露义务,又要求其对后续投资行为的相关信息(包含详细投资政策、风险与实时收益情况等)进行披露;此外,还可能要求其满足一定的资本要求,以减少开放式基金的流动性风险,同时控制投资的复杂性,减少投机行为,便于投资者进行监督。

(四)银行活动

银行的资产负债结构具有负债经营、期限错配的特点:负债端主要为固定收益的短期负债(如活期存款);而资产端很大比例为流动性较差的资产(如各种中长期商业贷款)。通过将短期、小额的存款整合为长期、大额的贷款,银行发挥了信用转换、流动性转换及期限转换的信用中介职能,却使自身陷入巨大的流动性与偿债能力风险中。此外,基于银行在金融网络中的重要地位,一家银行倒闭或可能倒闭所引发的挤兑和恐慌,可能快速波及其他银行甚至整个金融体系。因此,各国均对银行活动全过程施加入侵式监管,以严格防范相关风险:事前建立筛选机制和准入限制,对审查对象规模、资本金、管理水平等进行考察,确保准入实体具有市场竞争力与风险承担能力;事中开展信息报送与业务检查,依据明确的资本要求和活动与贷款限制及关联交易规则,确保其审慎经营;事后设置专门的纠正与风险处置机制,必要时政府接管及提供财政支持,倒闭时提供存款保险。

(五)保险活动

保险公司资产负债表的两端均不透明:资产端很大比例为较难估值的非流动性资产;负债端以保险合同所带来的或有负债(债权是否能够实现由具有不确定性的保险事件是否发生决定)为主,估值难度更大。与银行相比,保险公司面临更为复杂的流动性风险与偿付能力风险。此外,保险活动还面临因保险合同的复杂性所导致的信息不对称问题。因此,对保险活动的监管,除了采用类似于对银行活动的事前、事中、事后的审慎监管措施,还包含对保险合同形式和内容的审查,以充分保护消费者利益,并确保保险公司不过度承担风险。

三、金融监管目标

(一) 宏观审慎管理

防范和化解系统性风险,避免全局性金融危机,是金融治理的首要任务。我国宏观审慎的政策理念源远流长,早在春秋战国时期就开始了政府对商品货币流通的监督和调控,西汉的"均输平准"已经成为促进经济发展和金融稳定的制度安排。现代市场经济中,货币超发、过度举债、房地产泡沫化、金融产品复杂化、国际收支失衡等问题引发的金融危机反复发生,但是很少有国家能够真正做到防患于未然。2008年全球金融危机爆发后,国际社会从"逆周期、防传染"的视角,重新检视和强化金融监管安排,完善分析框架和监管工具。有效的信息共享、充分的政策协调至关重要,但是决策层对重大风险保持高度警惕、执行层能够迅速反应更为重要。

(二) 微观审慎监管

中华传统商业文化就特别强调稳健经营,"将本求利"是古代钱庄票号最基本最重要的行事准则,实质就是重视资本金约束。巴塞尔银行监管委员会和国际保险监督官协会,就是在资本金约束规则的基础上,逐步推动形成银行业和保险业今天的监管规则体系。资本标准、政府监管、市场约束,被称为微观审慎监管的"三大支柱"。许多广泛应用于微观审慎监管的工具,如拨备制度等,也具有防范系统性风险的功能。

(三) 控制金融风险

"风险"是金融监管的核心概念,在很长的时间里,金融监管几乎与对单体金融机构的审慎监管画等号。面对复杂的金融活动,公众投资者保护自身的能力和动力有限,既难以获取和理解相关信息,亦难以有效实施后续监督。一些金融风险还具有强烈的负外部性,可能导致公共财政买单。基于保护投资者、减少负外部性、控制公共成本等考虑,由政府出面限制中介机构的冒险行为是必要的。但需要注意的是,风险并非完全是一个负面概念。大量理论与实践表明,风险与回报之间存在权衡关系。因此,控制金融风险并不是要消灭金融风险,而是要将不同金融活动产生并转嫁给公众的风险水平都控制在合理范围之内。

对不同的金融活动而言,风险监管要达到的目标与具体手段并不一致。在证券、期货、集合投资计划等领域,更倾向于投资者自治,风险监管的作用是要通过一系列信息披露要求,使投资者充分获悉相关活动的风险,进而根据自身情况理性决策;而在银行与保险领域,消费者的风险承受能力相对更低,其更希望签署的金融合同能够按照条款得到兑现,而不希望接受任何程度的投资回报变化,故而风险监管的作用是通过精心设计的实质性规则(包括开放性规则、资本要求以及建立各类保障基金等)进行直接干预的,提供完全或近乎完全的交易安全。

此外,2008年全球金融危机的爆发使人们认识到,先前的金融监管框架对系统性金融风险的监测、防范和化解存在严重的滞后性。危机过后,聚焦金融体系整体安全的宏观审慎监管框架日渐清晰:一是建立宏观审慎分析框架识别系统重要性金融机构与重点行业;二是建设宏观审慎监管工具箱,包含系统重要性附加和逆周期资本附加两项专门工具,以及一些具有防范系统性风险功能的微观审慎监管工具。宏观审慎监管的目标决定了其需要多部门共同配合。当前,大部分国家都成立了多个机构共同参与的专门委员会,一般由财政部、央行牵头,而其他参与机构分别负责相关领域内的系统性风险的监测和防范化解工作。

(四)消费者保护

英国经济学家迈克尔·泰勒于1995年提出了"双峰"监管概念,提出除了防范金融风险的审慎监管,金融监管还应针对金融机构的机会主义行为进行行为监管,以保护金融消费者的权益,提高市场透明度并加强诚信建设和减少金融犯罪。因此,在审慎监管机构之外,还应设置专事行为监管的机构。行为监管理论一方面有利于避免利益冲突,提高监管专业化水平;另一方面强调统筹金融监管与效率,有助于提高金融体系对实体经济的服务能力。目前,绝大多数国家已将消费者保护设为金融监管的主要目标之一,或是成立了独立的行为监管机构,或是在其审慎监管内增设了专事行为监管的内设部门。

对不同金融活动的消费者进行保护的目标与手段也存在差异。证券、期货、集合投资计划等领域的消费者在一些国家被称为投资者,对其进行保护的目标是确保全面、真实与及时的信息披露,使投资者能够获取足以自行作出理性判断的信息。而对于银行存款人、保险投保人等狭义的金融消费者而言,对其进行保护的目标是确保金融机构能够按照合同条款履行事前的服务约定和承诺。这种差异在一些国家的立法中得到明确,如英国《金融服务与市场法》规定,金融行为监管局在确定何种程度的消费者保护为适当时,必须考虑到不同种类的投资或交易所包含的程度不等的风险,以及不同消费者所拥有的程度不等的经验和知识。

(五)打击金融犯罪

金融犯罪活动隐蔽性强、危害性大,同时专业性、技术性较为复杂。许多国家设有专门的金融犯罪调查机构,部分国家赋予金融监管部门一定的犯罪侦查职权。巴塞尔银行监管委员会和一些国家的金融监管机构,均将与执法部门合作作为原则性要求加以明确。我国也探索形成了一些良好实践经验。例如,公安部证券犯罪侦查局派驻证监会联合办公,部分城市探索成立专门的金融法院或金融法庭。但是,如何更有效地打击金融犯罪,仍然是政府机构设置方面的重要议题。

(六)维护市场稳定

金融发展离不开金融创新,但要认真对待其中的风险。过于复杂的交易结构和产品设计,容易异化为金融自我实现、自我循环和自我膨胀。能源、粮食、互联网和大数据等特定行业、特定领域在国民经济中具有重要地位,集中了大量金融资源,需要防止其杠杆过高、泡沫累积最终演化为较大金融风险。金融市场是经济社会运行的集中映射,在经济全球化背景下,国际各种事件都可能影响市场情绪,更加容易出现异常震荡。管理部门要加强风险源头管控,切实规范金融秩序,及时稳定市场预期,防止风险交叉传染、扩散蔓延。

(七)处置问题机构

及早把"烂苹果"捡出去,对于建设稳健高效的风险处置体系至关重要。一是"生前遗嘱"。金融机构必须制定并定期修订翔实可行的恢复和处置计划,确保出现的问题得到有序处置。二是"自救安排"。落实机构及其主要股东、实际控制人和最终受益人的主体责任,全面做实资本工具吸收损失机制。自救失败的问题机构必须依法重整或破产关闭。三是"注入基金"。必要时运用存款保险等行业保障基金和金融稳定保障基金,防止挤提、退保事件和单体风险引发系统性区域性风险。四是"及时止损"。为最大限度维护人民群众根本利益,必须以成本最小为原则,让经营失败金融企业退出市场。五是"应急准备"。坚持底线思维、极限思维,制定处置系统性危机的预案。六是"快速启动"。有些金融机构风险的爆发具有突然性,恶化如同火警,启动处置机制必须有特殊授权安排。

第二节 金融监管职能

我国于2023年10月召开的中央金融工作会议强调,金融是国民经济的血脉,是国家核心竞争力的重要组成部分,要加快建设金融强国,全面加强金融监管,完善金融体制,优化金融服务,防范化解风险,坚定不移走中国特色金融发展之路,推动我国金融高质量发展,为以中国式现代化全面推进强国建设、民族复兴伟业提供有力支撑。要全面加强金融监管,有效防范化解金融风险。切实提高金融监管有效性,依法将所有金融活动全部纳入监管,全面强化机构监管、行为监管、功能监管、穿透式监管、持续监管,消除监管空白和盲区,严格执法、敢于亮剑,严厉打击非法金融活动。机构监管、行为监管、功能监管、穿透式监管、持续监管等五大监管职能的提出,为加强和完善现代金融监管指明了方向。

一、机构监管

(一)机构监管的定义

机构是所有金融功能、金融行为、金融资源的承载主体,机构监管是指按照金融机构的类型设立监管机构,不同的监管机构分别管理各自的金融机构,但某一类型金融机构的监管者无权监管其他类型金融机构的金融活动。各监管机构的监管高度专业化,其业务的划分只根据金融机构的性质(如银行、证券公司、保险公司等)而不论其从事何种业务。各国金融分业监管体制就是基于机构型监管的原则而设立的。

机构监管的对象包含政策性机构、大型银行、股份制银行、城市商业银行和民营银行、农村中小银行、外资机构、保险集团(控股)公司、保险中介机构、保险资产管理机构、信托公司和其他非银金融机构等。对于金融监管部门而言,机构监管就是传统的管法人、管风险、管内控、提高透明度。从事金融活动的机构必须在监管之下运行,不能无牌经营。

（二）机构监管的优缺点

机构监管的出发点是基于对各类型金融机构性质差别的认识。这种模式的优点是：当金融机构从事多项业务时易于评价金融机构产品系列的风险，尤其在越来越多的风险因素如市场风险、利率风险、法律风险等被发现时，机构监管也可避免不必要的重复监管，一定程度上提高了监管功效，降低了监管成本。在金融分业经营条件下，或者在金融业各部门分工比较明确，界线比较清楚的条件下，效果非常明显。由于关注于单个机构的状况，这种模式特别适合审慎监管。由于每家金融机构只由一个监管者负责，这样还可以避免不必要的交叉监管。但是，在金融混业经营和各部门之间的界线日益模糊时，其不足之处也显而易见。

1. 各金融机构不公平竞争

如果提供类似金融服务和产品的各金融机构是受不同监管当局监管的话，那么它们所面临的监管程度及与此相关的服从成本就可能存在很大的差异，进而使某些特定的金融机构享受特殊的竞争优势。

2. 金融集团进行"监管套利"

金融集团可以利用其业务分散化、多样化的特点，进行"监管套利"活动，即将某项特定业务或产品安排到服从成本最低或受强制性监管最少的部门或子公司。

3. 浪费社会资源

由于每一个机构监管者都要对其监管对象所从事的众多业务进行监管，它就必须针对每一类金融业务分别制定并实施监管规则，这样实际上浪费了社会的资源。

（三）实行机构监管的理由

1. 金融机构之间存在差异

尽管金融机构业务一体化，并日趋集团化，但金融机构之间的差异在今后相当长时期内仍会继续存在。银行、保险公司、证券公司和衍生市场中介机构之间在金融产品、业务性质和资产转化中的不同特点不会立刻消失。

2. 为分业监管提供可能

单一金融监管机构的监管目标和原则可能不很明确，对金融机构和金融产品之间的差异不能给予足够的认识和区分。而分业监管则可以避免这些问题。如果单一监管机构要对系统风险、审慎监管和商业行业等方面负责，这些监管目标和责任之间可能会产生冲突。而分业监管因其目标明确、责任清晰会使冲突在每一分业监管机构内得以解决。

3. 规避单一监管机构产生的风险

单一监管机构的监管权力有可能过于强大，导致官僚主义、垄断和滥用权力。单一监管机构的模式可能令社会公众产生道德风险。在投资决策中，对不同金融机构和金融产品之间明显存在的差异不能给予足够的重视。建立单一监管机构有可能导致信息损失。从经济学理论的角度来说，具有垄断势力的单一监管机构可能产生低效率。

二、行为监管

(一) 行为监管的定义

行为监管是指规范机构经营行为，维系金融机构与金融消费者之间的信任，主要侧重于监管金融机构及相互间的经营行为与对待消费者行为，维护金融消费者信心，保障市场公正透明，监督金融机构。行为监管将所有金融行为全部纳入监管，维护金融市场秩序，保护金融消费者合法权益。2008 全球金融危机爆发带来的一个重要启示是，监管者不能仅仅关注金融机构的偿付能力和流动性，而忽视了各金融活动参与者自身的非理性、非均衡等行为以及心理与文化的隐藏风险。

(二) 行为监管的理论基础

行为监管是金融监管的重要规则，这一规则广泛被关注始于 1995 年英国经济学家迈克·泰勒提出的监管"双峰"理论。泰勒在其提出的理论中表示，金融监管应当由两类相互独立、目标差异的监管机构共同实施监管，一方面，金融监管要维护金融机构的稳健经营和金融体系的稳定、防范系统性风险，即审慎监管；另一方面，金融监管需担负起纠正金融机构的机会主义行为、防止欺诈和不公正交易、保障消费者权益不受侵害，维护金融市场的公平、公正与稳健运行，即行为监管。换言之，审慎监管主要是站在金融机构的角度，在保证机构有足够的资本和流动性来抵御损失，防止金融危机发生的前提下，维护整个金融系统的稳定；而行为监管则是专注于金融市场的运作方式和金融机构的业务行为，以及这些行为对消费者和投资者的影响，更偏向于从金融市场中行为人的角度进行监管，以确保市场的公正性、透明性和效率，保护消费者免受不公平或不适当行为的伤害。

行为经济学中的有限理性理论、信息不对称理论和外部性理论为强化金融行为监管和风险防控提供了有力的理论支撑。

(1) 有限理性理论。作为行为经济学分支的行为金融学秉承对金融市场投资者、消费者存在决策行为有限理性和非理性的看法，对传统金融学中理性人假设提出了挑战，认为在投资决策过程中，投资者或消费者极易受到盲目自信、损失厌恶、心理账户效应、锚定效应等有限理性行为的影响，从而产生投资行为的系统性行为偏差。此时，若缺少行业行为监管，加之金融机构不能坚守职业道德和伦理底线，反而通过放大消费者的行为偏差来追求利益最大化，终将会导致金融市场动荡甚至是金融危机。

(2) 信息不对称理论。金融消费者在市场交易活动中往往面临信息获取的不利局面，这种结构性的劣势容易导致消费者受到可获取信息的误导，以及金融机构的操纵或者干预，进而可能遭受利益上的损失。

(3) 外部性理论。由于金融市场并非均衡稳定市场，运用金融套利在非均衡市场中获利的行为已经成为常态，这种金融外部性主要表现在金融资产的价格扭曲以及不合理的市场交易中，交易主体利用金融衍生品或者其他金融工具将损失风险转嫁给第三方导致潜在负外部损失。如果缺少有力监管，当市场出现较大波动时，市场中的各类金融产品、各交易关联方间的相关性会急剧升高，导致市场风险指数级积聚放大，进而产生系统性金融风险隐患。

(三)我国行为监管的具体内容

(1)强化行为监管能够对市场不当行为形成强大的威慑力,切实维护金融消费者权益。国家通过设立专门的行为监管机构,明确界定市场行为规范与监管策略,可以有效打击市场欺诈、操纵及其他不当行为。这种监管不仅包括对金融从业者行为的持续监督和审查,确保其在交易中遵循法律和伦理标准,而且还涉及对消费者的保护,做到坚持以人民为中心的价值取向,使其不受不公平交易和信息不透明的影响。此外,行为监管机构能够通过迅速识别违规行为并及时处罚来提高违规成本,这不仅有助于恢复消费者对金融市场的信任,还能够促进市场的公平性和透明度。

(2)通过采取干预性和前瞻性的监管策略,行为监管能够有效地对金融市场的潜在风险进行早期干预和规范化管理。与传统审慎监管更侧重于对金融产品事前审批和事后处罚不同的是,行为监管更侧重于保护消费者权益,特别是在金融产品准入阶段的考量。例如,行为监管会对金融产品的设计进行评估,确保其在宣传手段、收益结构等方面不会对消费者权益造成损害。这种监管方式涉及对产品设计和市场行为的持续监督,一旦发现潜在的问题,监管机构可以迅速采取措施,包括终止产品的市场上市,以防止对更广泛市场的负面影响。这种主动和预防性的监管方法有助于提升金融市场的整体稳定性和消费者的信心。

(3)行为监管通过纠正消费者的行为决策偏差,有助于塑造一个健康有序的金融生态并提高公众金融素养。考虑到金融市场并非完全有效以及消费者可能的非理性行为,金融消费者在决策时更易受到认知偏差的影响。随着技术的进步,金融产品的分销渠道不断拓宽,金融跨地区、跨领域、跨市场产生的交叉风险也随之增加,市场环境的复杂性进一步放大了消费者的行为偏差,导致负外部效应的加速扩散。合理的行为监管不仅可以限制金融机构的不当交易行为,还可以为金融消费者提供一道防火墙,有效地纠正他们决策过程中的系统性行为偏差,在构建和谐有序的金融环境的同时,促进公众金融素养的提升,从而作出更加明智的金融决策。

三、功能监管

(一)功能监管的定义

功能监管是指把所有的金融功能和金融创新纳入监管,坚持"同一业务、同一标准"原则,对跨机构、跨领域、跨市场的同类金融业务实施贯通监管,防止监管套利和监管真空。功能监管的对象包括普惠金融、保险资金运用、公司治理、偿付能力监管、业务创新、消费者权益保护、打击非法金融活动等。

(二)机构监管与功能监管的关系

对于金融监管部门,机构监管的纵向监管即按机构类别分类,功能监管是按照业务分类,更多的是对各个单位都会涉及的同一业务按照同一标准进行监管。

从监管职能划分来看,金融监管分为机构监管和功能监管两种方式,这两种监管方式互为补充。

机构监管是以金融机构法律地位来区分监管对象,是由不同的监管当局对不同的金融机构分别实施监管。这是历史上金融监管的主要方式。由于设置了"防火墙",因而避免了各金融机构间的风险传导。但机构监管的监管标准难以统一,又会造成监管差异,甚至诱发监管套利,不利于公平竞争。

功能监管能够弥补机构监管的不足。功能监管是以商业行为来判断监管边界,是以金融产品的性质及金融体系的基本功能来设计的。与机构监管模式相比较,功能监管的优势在于:不仅能够有效判断金融创新产品监管权责的归属问题,而且标准统一,提高了监管的公平性。但是,功能监管会提高管理成本,加重监管负担。而且,"良好区分产品边界"是功能监管的前提,但随着创新产品的不断增加,产品的边界越来越难以界定。因此,功能监管与机构监管各有其优势和局限性。

(三) 功能监管的业务对象

1. 委托代理关系类业务

委托代理关系类业务包括理财产品、信托产品、私募基金等资管产品,其本质是"受人之托,代人理财"。委托代理关系类业务应统一产品定位,确保产品服务于投资人而非融资人,防止资管产品蜕变为不良企业的"提款机";统一净值管理,坚决清理带有刚性兑付性质的资管产品;统一信息披露,缩小信息披露差异,提高产品的横向可比性,节约监管成本和投资者查询成本。

2. 借贷关系类业务

借贷关系类业务包括贷款、小贷、典当。对于此类业务,功能监管的核心在于统一标准。一方面,对贷方(金融机构)统一风控要求。例如,统一贷款集中度、杠杆率等监管指标,统一建立贷款"三查"、审贷分离、贷款风险分类等风控制度。另一方面,对借方(企业或个人)统一限制信贷投放领域。例如,所借资金不得用于股票、金融衍生品投资,不得以贷还贷、以贷还息。

3. 租赁关系类业务

租赁关系类业务包括金融租赁和融资租赁,其实质都是融物与融资的结合。目前行业特征是"一个市场、两套监管体系"("两套监管体系"即《金融租赁公司管理办法》和《融资租赁公司监督管理暂行办法》)。对于此类业务,应做到监管规则统一、租赁物适格性一致。

4. 保险关系类业务

保险关系类业务包括财险、寿险、健康险、意外险等产品。对于此类业务,应对不同类型机构销售的同一类型产品(如财险公司和人身险公司共同销售的短期健康险产品)统一监管,对同一产品的不同销售渠道(如保险公司直销和中介机构代理、线上销售和线下销售)统一监管,对同一产品的不同理赔标准统一监管。

四、穿透式监管

(一) 穿透式监管的定义

"穿透式监管"这一政策概念在 2016 年国务院办公厅《互联网金融风险专项整治工作实施方案》中首次被正式提出,该方案要求各监管机构按照实质重于形式原则进行互联网金融监管。2021年密集出台的平台监管政策与此一脉相承,核心在于实质重于形式的理念,以及由此产生的侵入性的监管措施。

穿透式监管意指监管部门通过穿透金融工具的形式以获知真实信息,最早见于2008年全球金融危机后的监管转型。2008年以前,各国金融监管秉承的理念是"不应该阻碍金融机构和金融业务的发展"。然而,资本利用资产证券化多层嵌套的复杂运行结构,通过精巧的产品结构设计躲避传统金融监管体制,导致金融创新产品的风险累积至不可收拾的境地。2008年以后,世界货币基金组织提出"良好监管的五要素"明确了好的监管应当具备侵入性、全面性、适应性,敢于质疑,积极主动,并形成决定性的结论。因此从监管理念上,金融监管从"最少监管"转变为了"实质监管",其特点在于穿透获知真实信息和事实发现,以此弥补因创新产生的监管漏洞,避免发生监管套利。

(二)分类

穿透式监管分为两大类,即向上穿透核查投资者,向下穿透核查投资标的——底层资产。一是对投资者的穿透,即在由监管失效造成多层嵌套的情况下,穿透识别最终投资者是否为合格投资者;二是对产品的穿透,即从监管比例、投资范围、风险计提等角度穿透识别最终投资标的资产是否合格。

(三)我国穿透式监管的实践状况

2015年,资产管理行业长期的分业监管导致了多层嵌套现象。每层嵌套都可能加杠杆,虽然从单个金融领域观察并无明显违规问题,风险可控,但当深入探究资金来源与最终投向时,资产管理行业被发现存在突破市场准入、资本约束、投资范围等监管要求的问题,并存在极易引发跨行业、跨市场风险传递的可能性。于是,2016年10月国务院办公厅发布《互联网金融风险专项整治工作实施方案》,首次提出"穿透式监管"概念。穿透式监管以风险控制为核心,以资产管理为对象,主要针对各类理财、投资类资金的来源、投向等各个环节实施全过程管控。监管部门要求穿透投资者的证券账户,要求"一户一码"和账户实名制。在"二委一行一局一会"+"各地局"的监管框架下,我国监管当局通过中央金融委员会发挥宏观审慎功能,逐步实现对各个金融机构业务的规范以及资金的穿透监管,更有利于确保金融安全。

五、持续监管

金融监管部门的持续监管即坚持围绕金融机构全周期、金融风险全过程、金融业务全链条,从金融机构的出生到死亡整个链条都强化持续监管。其监管是一个持续的、动态的过程。加强持续监管,重点须做好两个关键工作:一是健全统计监测。金融业存在因横跨不同行业导致的数据不完整、口径不一致和重复计算等问题,必须继续大力完善统计监测,及时动态掌握金融机构规模、种类,特别是风险演进路径和风险水平变化情况。二是切实做到盯住风险、提示风险、防化风险,对任何监管措施、监管行为都必须保持持续性,直至实现监管目标。

在国际上,为有效认识、监测和控制银行业务内在的风险,巴塞尔银行监督管理委员会《有效银行监管的核心原则》提出了一系列关于持续银行监管的制度安排,包括监管者有权制定和利用审慎法规的要求控制风险;监管者要有一系列持续进行的银行监管手段及对银行机构的信息要求。

在国内,中国证监会分别在 2019 年 3 月的《科创板上市公司持续监管办法(试行)》、2020 年 6 月的《创业板上市公司持续监管办法(试行)》中,提出要建立以上市规则为中心的持续监管规则体系。2023 年 3 月,中共中央、国务院印发的《党和国家机构改革方案》中,金融监管总局设置机构恢复与处置司,明确其职责为:拟定相关高风险机构风险处置制度、标准、程序,对出现严重风险、难以持续经营的机构开展风险处置等工作,推动形成"日常监测—问题识别—早期纠正—风险处置"监管闭环。

第三节　中国的金融监管框架

一、金融监管的分类

金融监管有很多不同的分类方法。

(一) 按照监管方式分

按照监管方式,金融监管分为机构监管和功能监管。机构监管,即根据机构的法律性质或者业务类别来实施监管,一个通俗的说法是谁发牌照谁监管。功能监管主要是看交易性质,只要涉及信贷业务,国家金融监督管理总局就会监管;只要卖投资产品,证监会就会监管。

(二) 按照监管目的分

按照监管目的,金融监管分为行为监管和审慎监管。行为监管主要纠正不当行为、防止不公平竞争。审慎监管则是保障微观和宏观层面的稳定。

(三) 按照机构设置分

按照机构设置,金融监管大致有三类模式。

第一类是分业监管。银行、保险、证券分成不同的类别分开监管。美国采用"分散式、多头式"的分业监管模式,美联储是唯一一家能同时监管银行、证券和保险业的联邦机构,同时设立联邦下属监管机构(联邦存款保险公司、联邦贸易委员会、联邦住房金融管理局、证券业和期货业监管机构等)和州下属监管机构(州级金融监管机构)。这种监管方式在一定程度上保证了美国金融业的稳定。2008 年全球金融危机后,美国先后颁布四部金融监管改革法案和规则,其中《多德—弗兰克华尔街改革与消费者保护法》明确规定成立金融稳定监督委员会和金融研究办公室,从此,美国的监管理念由微观转入宏观、系统性监管。在"双层多头"的分权型监管模式下,美联储是美国货币政策的制定者,担负着金融监管职责,处于宏观审慎监管的核心地位;美国金融稳定监督委员会作为监管协调者,为了金融稳定的目的,由其下设的风险委员会中的金融机构分委员会和金融市场分委员监测金融体系中的系统性风险,对具有系统重要性的金融机构(SIFI)和金融市场公用事业(FMU)加强审慎监管。

第二类是双峰监管。双峰监管,即将审慎监管和行为监管分开。英国经济学家迈克·泰勒形象比喻,审慎监管管金融稳定,类似医生治病救人,发现了问题会积极采取措施加以医治;而行为监管管消费者保护,类似警察执法,发现违法、违纪行为后会立即处罚,对当事人严肃问责。当金融稳定目标与消费者保护目标发生冲突时,双峰监管模式明确规定,审慎监管机构应以金融稳定为主。最突出的例子是澳大利亚和英国。在澳大利亚的金融监管框架中,由金融监管理事会负责监管整个金融体系。金融监管理事会由澳大利亚储备银行、澳大利亚联邦财政部、澳大利亚审慎监管局和澳大利亚证券和投资委员会四家机构组成。其中,澳大利亚审慎监管局与澳大利亚证券和投资委员会是主要的金融监管机构。前者承担审慎监管职能,负责维护金融体系的稳健;后者承担行为监管职能,负责保护消费者的权益。英国于2013年4月正式施行准双峰金融监管体制,成立金融政策委员会、审慎监管局和金融行为监管局三家独立机构,后两者组成英国金融监管的双峰机构。金融政策委员会、审慎监管局负责审慎监管,金融行为监管局负责行为监管。在英国新的监管模式下,宏观审慎监管与微观审慎监管被明确区分,即在英格兰银行内部下设金融政策委员会来负责宏观审慎监管,设立审慎监管局作为英格兰银行的子公司来负责微观审慎监管。

第三类是混业监管。混业监管将很多监管功能都放在同一个监管机构里面。最突出的例子是新加坡。成立于1971年1月1日的新加坡金融管理局拥有中央银行和金融监管的双重职能,负责管理新加坡的货币、银行、金融、财政等方面的事务。它不仅制定和执行货币政策,还监督和规范金融机构和市场的行为,保护投资者和消费者的利益;它还通过外汇汇率机制,控制新加坡币的价值,维持新加坡的国际竞争力。1977年,它接手了对保险业的监管;1984年,它接手了对证券业的监管;2002年,它合并了货币委员会,开始发行货币。新加坡金融管理局已经成为一个全面覆盖货币政策、保险监管、证券监管、微观监管、宏观监管、行为监管的综合监管机构。

二、我国金融监管的变革史

我们国家的金融监管始于1984年1月1日,中国人民银行一分为二,工商银行负责商业运行部分,中国人民银行担任中央银行和金融监管职责。

1992年10月,国务院证券委员会(简称证券委)和中国证券监督管理委员会(简称证监会)宣告成立,标志着中国证券市场统一监管体制开始形成。证券委是国家对证券市场进行统一宏观管理的主管机构。证监会是证券委的监管执行机构,依照法律法规对证券市场进行监管。1998年11月中国保险监督管理委员会(简称保监会)成立,统一监督管理全国保险市场,维护保险业的合法、稳健运行。随着金融市场的日益复杂化和专业化,为了更好地实施金融宏观调控与金融微观监管的分离,提高金融监管的效率和效果,2003年3月,中国银行业监督管理委员会(简称银监会)成立。自此,我国的金融监管形成了"一行三会"的格局,即中国人民银行、银监会、保监会、证监会。

2017年7月,党中央和国务院决定设立国务院金融稳定发展委员会。2018年3月,银监会、保监会合并为中国银行保险监督管理委员会,依法依规对全国银行业和保险业实行统一监督管理,维护银行业和保险业合法、稳健运行,中国人民银行强化了政策协调功能。自此,我国开启了自 2003 年以来最大力度金融监管组织结构改革,建立起全新的"一委一行两会"的金融监管框架,标志着我国进入了金融监管统筹协调的新阶段。

2023 年 3 月的《党和国家机构改革方案》提出组建中央金融委员会(简称中央金融委)及中央金融工作委员会(简称中央金融工委),在中国银行保险监督管理委员会基础上组建国家金融监督管理总局(简称金管总局),并相应调整证监会职责及地方金融监管体制。更符合现代金融监管要求的"二委一行一局一会"+"各地局"的中国版"三层+双峰"监管框架更加清晰。

"二委一行一局一会"+"各地局"是中国金融监管框架的最直接的表现,也体现出中国版的"三层+双峰"模式。"三层"是指顶层为中央金融委和中央金融工委;中间层为各金融监管部门,具体包括中国人民银行、金管总局和证监会;底层为中央金融管理部门地方派出机构和地方金融监管局。"双峰"则是将监管部门的具体职能分为审慎监管和行为监管。

在此框架下,中央金融委及其办公室体现党中央对金融工作的集中统一领导,负责金融稳定和发展的顶层设计、统筹协调、整体推进、督促落实以及研究审议重大政策、重大问题等。作为"三层"中的"顶层",接续之前国务院金融稳定发展委员会及其办事机构的职能,进一步增强不同金融行业的统一监管与协调统筹能力,及中央与地方在金融领域的统一监管与协调统筹能力等。同时,为进一步统一领导金融系统党的工作,新组建的中央金融工委主要负责指导金融系统党的政治建设、思想建设、组织建设、作风建设、纪律建设等。

中国人民银行除承担货币政策职能,还更多地担负着宏观审慎管理、金融基础设施建设、基础法律法规体系及全口径统计分析和系统性风险预警等工作,其"货币政策和宏观审慎政策双支柱调控框架"更加清晰。新成立的金管总局同证监会及地方金融监管部门负责行为监管。金管总局主要负责具体机构和行业监管工作的落地和执行,以及金融消费者权益保护。证监会仍然负责资本市场监管职责,其核心是维护资本市场秩序和健康发展。

地方金融监管体制将以中央金融管理部门地方派出机构为主导,统筹优化中央金融管理部门地方派出机构设置和力量配备,共同构筑"三层"中的"底层"。地方政府设立的金融监管机构专司监管职责,不再加挂金融工作局、金融办公室等牌子,以维护地区内金融稳定为主要目标,担负起更多的金融监管职责,并承担金融风险防范、化解与处置的属地责任。

巩固训练与提高

案例分析题

清理整顿地方金融组织

财联社 2024 年 8 月 14 日报道,金融监管总局、证监会、市场监管总局等三部委联合下发《关于进一步加强地方金融组织监管的通知》,将进一步加强对地方金融组织的监管举措。据媒体不完全统计,全国"7+4"类地方金融组织总量至少已超3万家,其中小贷公司、融资担保公司、典当行、融资租赁公司和商业保理公司的数量最多。近年来,地方金融组织数量在萎缩,以规模最大的小贷公司为例,对比中国人民银行数据,全国小贷公司数量从2020年6月末的7 333家,减至2024年6月末的5 428家,4年间减少了1 905家。此次在地方金融组织总量不新增的要求下,未来3年总体可能以加强监管存量组织、坚决清退不合规机构为主。该通知进一步明确了对商业保理、融资租赁、小额贷款公司、典当、担保等地方金融组织的监管。同时,对前期的金交所、伪金交所等的处置清理也有具体要求。公开信息显示,我国地方金交所的数量一度高达70家,包括13家地方金交所和57家地方金融资产交易中心。2024年以来,包括广东省、河南省、黑龙江省、山西省、海南省、吉林省、江西省、湖南省等多个省份至少已有20家金交所宣布关停。

思考: 请查阅"7+4"类地方金融组织相关材料,并结合案例分析地方金融组织总量为何不再新增。